陡山水库工程标准化管理研究

时文东　李传娜　李兴务　编著

黄河水利出版社
·郑州·

内 容 提 要

水库管理单位通过标准化管理单位创建从而提高标准化管理水平和调度运行工作质量,确保水库工程安全运行,充分发挥水库效益,促进水库可持续发展,为当地经济社会发展服务。本书是对山东省莒南县陡山水库工程标准化管理工作的科学总结,共涵盖十一部分,分别为:陡山水库基本情况、注册登记与安全鉴定、闸门操作、运行调度、巡视检查与安全监测、维修养护与更新改造、安全管理、信息化管理、档案管理、环境保护、管理考核等。本书内容翔实,层次分明,既从理论角度展开叙述,又加强与实践交互,可读性强。

本书可供水利工程管理单位技术人员阅读参考,也可供大专院校相关专业师生学习参考。

图书在版编目(CIP)数据

陡山水库工程标准化管理研究/时文东,李传娜,
李兴务编著. —郑州:黄河水利出版社,2023.8
ISBN 978-7-5509-3689-8

Ⅰ.①陡…　Ⅱ.①时…　②李…　③李…　Ⅲ.①水库管
理-标准化管理-研究-莒南县　Ⅳ.①TV697

中国国家版本馆 CIP 数据核字(2023)第 155427 号

组稿编辑:王路平　电话:0371-66022212　E-mail:hhslwlp@126.com
　　　　　陈俊克　　　　　　 66026749　　　　 hhslcjk@163.com

责任编辑:王　璇　责任校对:王单飞　封面设计:李思璇　责任监制:常红昕
出版发行:黄河水利出版社
　　　　　地址:河南省郑州市顺河路 49 号　邮政编码:450003
　　　　　网址:www.yrcp.com　E-mail:hhslcbs@126.com
　　　　　发行部电话:0371-66020550
承印单位:河南新华印刷集团有限公司
开本:787 mm×1 092 mm　1/16
印张:9.5
字数:220 千字
版次:2023 年 8 月第 1 版　　　　　印次:2023 年 8 月第 1 次印刷

定价:75.00 元

前　言

　　陡山水库位于山东省莒南县大店镇，距莒南县城区 17 km，坐落在淮河流域沭河水系浔河中下游，坝址以上控制流域面积 431 km²，是一座以防洪为主，兼有灌溉、供水、旅游、发电、渔业养殖、涵养生态等多功能的国家大（2）型水库。

　　陡山水库于 1958 年 9 月动工兴建，1959 年 7 月竣工。经 1986 年、2013 年两次除险加固，工程达现有规模。陡山水库按 100 年一遇洪水设计，10 000 年一遇洪水校核，正常蓄水位 127 m（废黄河口高程，下同），相应库容 1.695 5 亿 m³，设计洪水位 127.54 m，相应库容 1.875 9 亿 m³，校核洪水位 131.99 m，相应库容 2.966 5 亿 m³。根据《水利部关于印发〈关于推进水利工程标准化管理的指导意见〉〈水利工程标准化管理评价办法〉及其评价标准的通知》（水运管〔2022〕130 号）、山东省水利厅《关于印发全省水利工程标准化管理试点实施方案的通知》（鲁水运管函字〔2019〕31 号）、《山东省水利工程标准化管理试点验收办法（试行）的通知》（鲁水运管函字〔2019〕42 号）等文件精神，陡山水库于 2019 年被山东省水利厅列入省级水利工程标准化试点示范单位，开始进行标准化管理创建工作，2020 年被山东省水利厅评为水利工程标准化示范单位。陡山水库通过创建标准化管理单位，对工程管理关键环节实施标准化管理，达到管理责任明细化、管理工作制度化、管理人员专业化、管理范围界定化、管理运行安全化、管理经费预算化、管理活动常态化、管理过程信息化、管理环境美观化、绩效评价规范化、调度运行科学化的要求。通过推行标准化管理切实提高了水库管理单位工程标准化管理和调度运行的工作质量，确保了水库安全运行，充分发挥了水库工程效益，促进了水库可持续发展，为地方经济和社会发展提供了支撑。本书就是对陡山水库工程标准化管理工作的科学总结。

　　本书在撰写过程中得到了临沂市水利勘测设计院、莒南县水利局、陡山水库管理中心以及相关单位的大力支持和帮助。本书在撰写过程中还引用了大量的参考文献。在此，谨向为本书的完成提供支持和帮助的单位和参考文献的作者表示衷心的感谢！

　　由于作者水平有限，书中存在的不妥之处，敬请读者朋友批评指正。

作　者

2023 年 5 月

目　录

第一章　陡山水库基本情况

第一节　工程概况

陡山水库位于山东省莒南县大店镇,距莒南县城区 17 km,坐落在淮河流域沭河水系浔河中下游,坝址以上控制流域面积 431 km²,是一座以防洪为主,兼有灌溉、供水、旅游、发电、渔业养殖、涵养生态等多功能的国家大(2)型水库。

陡山水库于 1958 年 9 月动工兴建,1959 年 7 月竣工。经 1986 年、2013 年两次除险加固,工程达现有规模。

陡山水库按 100 年一遇洪水设计,10 000 年一遇洪水校核,正常蓄水位 127 m(废黄河口高程,下同),相应库容 1.695 5 亿 m³,设计洪水位 127.54 m,相应库容 1.875 9 亿 m³,校核洪水位 131.99 m,相应库容 2.966 5 亿 m³。

陡山水库主体工程由大坝、溢洪道、放水洞等 3 部分组成。工程等别为 II 等,主要建筑物大坝、溢洪道、放水洞级别为 2 级,次要建筑物级别为 3 级,临时建筑物级别为 4 级,溢洪道消能防冲标准为 50 年一遇洪水设计。陡山水库坝区的地震动反应谱特征周期为 0.35 s,地震动峰值加速度为 0.20g,地震基本烈度为 VIII 度。

大坝为黏土心墙砂壳坝,全长 631 m,坝顶高程 132.5 m,最大坝高 30 m,坝顶宽 9.0 m,防浪墙顶高程 133.7 m,设计水位 127.54 m(100 年一遇),校核水位 131.99 m(10 000 年一遇),兴利水位 127 m,死水位 108.4 m。

陡山水库工程特性指标表见表 1-1。

表 1-1　陡山水库工程特性指标表

水库名称	陡山水库		坝型	黏土心墙砂壳坝
工程地点	莒南县大店镇			
所在河流	淮河流域沭河水系	坝体	坝顶高程/m	132.5
流域面积/km²	431		最大坝高/m	30
管理单位名称	莒南县陡山水库管理中心		坝顶长度/m	631
主管单位名称	莒南县水利局		坝顶宽度/m	9.5(包括防浪墙)
竣工日期/(年-月-日)	2019-01-25		坝基地质	岩石
工程规模	大(2)		坝基防渗措施	截渗槽
地震基本烈度/抗震设计烈度	VIII		防浪墙顶高程/m	133.7

续表 1-1

	多年平均降雨量/mm	809		型式	驼峰堰型
设计	洪水标准/%	1	溢洪道	堰顶高程/m	120
	洪峰流量/(m³/s)	3 840		堰顶净宽/m	50
	一日洪量/万 m³	12 300		闸门型式	5 扇弧形钢闸门
校核	洪水标准/%	0.01		闸门尺寸/(m×m)	10×7.5(宽×高)
	洪峰流量/(m³/s)	10 100		最大泄量/(m³/s)	3 410
	一日洪量/万 m³	30 503		消能型式	挑流鼻坎
水库特性	水库调节特性	多年调节		启闭设备	5 台 QPQ2×25T
	校核洪水位/m	131.99	放水洞	型式	钢筋混凝土箱涵
	设计洪水位/m	127.54		进口底高程/m	108.4
	正常蓄水位/m	127		出口底高程/m	107.68
	汛限水位/m	125.3		洞身断面尺寸/(m×m)	1.2×1.8
	死水位/m	108.4		最大泄量/(m³/s)	21.2
	总库容/亿 m³	2.966 5		型式	隧洞内衬钢筋混凝土
	调洪库容/亿 m³	1.578 4	引水隧洞	进口底高程/m	110
	兴利库容/亿 m³	1.695 5		断面尺寸/m	φ3.0
	死库容/万 m³	114			
工程运行	历史最高水位/m 及发生日期/(年-月-日)	128.16 1974-08-14			
	历史最大入库流量/(m³/s)及发生日期/(年-月-日)	2 604.7 1974-08-14		最大流量/(m³/s)	26
	历史最大出库流量/(m³/s)及发生日期/(年-月-日)	1 000 2020-08-14	备注		

第二节　管理体制和运行机制

一、机构设立

陡山水库管理处隶属莒南县政府管理,2008年9月,经临沂市机构编制委员会批准调整为副县级单位,并加挂莒南县马鬐山旅游风景区管理处牌子,经费方式为财政拨款;陡山水库管理处机关事业编制65名。

二、内部组织结构

2008年9月,陡山水库管理处经临沂市机构编制委员会批复由科级单位调整为副县级单位,隶属县政府管理,陡山水库管理处内设7个职能科室,均为副科级:办公室、财务科、防汛科、工程管理科、水资源和水政渔政管理科、经营管理科、旅游管理科。

陡山水库管理处负责水库的工程建设,工程运行的日常监测、维修维护、除险加固、更新改造等工作;负责水库的防汛工作,制订并落实洪水调度控制运行方案,落实工程安全度汛措施;负责水库管理范围的水资源管理、保护和综合利用工作;统计分析水量水质,做好供水管理和水量计收工作;承办县委、县政府及主管部门交办的其他事项。

第三节　岗位设置

莒南县机构编制委员会关于《莒南县陡山水库管理处(莒南县马鬐山旅游风景区管理处)主要职责内设机构和人员编制规定的批复》(莒南编发〔2012〕15号),核定单位财政拨款事业编制65名,配备主任1名,书记1名,副主任3名。其中办公室编制10名,配备主任1名,副主任2名;财务科编制5人,配备科长1名,副科长1名;防汛科编制5人,配备科长1名,副科长1名;工程管理科编制5人,配备科长1名,副科长1名;水资源和水政渔政管理科编制15人,配备科长1名,副科长2名;经营管理科编制8人,配备科长1名,副科长1名;旅游管理科编制12人,配备科长1名,副科长2名。

厘清岗位工作事项,将各工作事项落实到具体岗位及人员,制订陡山水库管理处岗位—事项—人员对应表(见表1-2)。

第四节　岗位职责

明确所有岗位的管理职责。

单位负责岗位的职责:贯彻执行国家的有关法律、法规、方针政策及上级主管部门的决定、指令;全面负责行政、业务工作,保障工程安全,充分发挥工程效益;组织制定和实施单位的发展规划及年度工作计划,建立健全各项规章制度,不断提高管理水平;推动科技进步和管理创新,加强职工教育,提高职工队伍素质;协调处理各种关系,完成上级交办的其他工作。

表 1-2 陡山水库管理处岗位—事项—人员对应表

所在部门	岗位名称	工作事项	管理人员姓名	
办公室	党支部及工会岗位	党支部书记	A	B
		工会主席	A	B
	单位负责岗位	1.组织制订和实施单位的发展规划及年度工作计划; 2.建立健全各项规章制度,不断提高管理水平; 3.推动科学进步和管理创新; 4.加强职工教育,提高职工队伍素质; 5.进行工程管理考评; 6.领导完成管理单位的各项工作	A	B
	技术总负责岗位	1.组织制订调运用方案,更新改造计划; 2.组织制订工程养护修理计划; 3.组织或参与工程验收工作; 4.指导防洪抢险工作; 5.组织工程设施的一般事故调查处理,提出或审查有关技术报告; 6.参与工程设施重大事故的调查处理; 7.指导职工技术培训,考核及科技档案工作	A	B
办公室	财务与资产总负责岗位	1.负责财务与资产管理工作; 2.管好用好固定资产,使其固定资产保值,增值,发挥应有效益	A	
	单位事务与管理负责岗位	1.负责并承办单位事务,文秘与档案管理等工作,承办公共事务及后勤服务等工作,负责接待,会议,车辆管理,办公设施管理等工作; 2.协调处理各种关系,完成领导交办的其他工作; 3.负责管理人事劳动教育管理岗位,安全生产交办实施; 4.组织制定各项行政管理规章制度并监督实施	A	B

续表 1-2

所在部门	岗位名称	工作事项	管理人员姓名	
办公室	文秘与档案管理岗位	1.档案收集、分类、汇总； 2.档案归档、立卷、存放、保管； 3.档案室的保洁和维护； 4.档案借阅、借出手续； 5.档案信息录入系统	A	B
	人事劳动教育管理岗位	负责人事、劳动方面的工作，并承办职工岗位培训、专业技术职称和工人技术等级的申报、评审及安全生产、社会保险等工作	A	B
	安全生产管理岗位	1.负责安全生产管理与监督工作； 2.负责安全生产宣传教育工作； 3.参与制定、落实安全管理制度及技术措施； 4.参与安全事故的调查处理及监督整改工作	A	B
工程管理科	工程技术管理负责岗位	1.负责工程技术管理； 2.组织编制并落实工程管理规划、年度计划及工程度汛方（预）案； 3.组织编制和实施水库调度运用方案； 4.负责工程除险加固，更新改造及扩建项目立项申报的相关工作，参与项目实施中的有关管理工作； 5.组织工程的养护修理并参与有关验收工作； 6.负责工程设施备、汛期抢险等技术管理工作； 7.参与工程设施重大隐患、事故的调查处理，进行技术分析工作； 8.组织技术资料收集、整编及归档工作； 9.组织开展有关工程管理的科研开发和新技术的应用工作	A	B

续表1-2

所在部门	岗位名称	工作事项	管理人员姓名	
	水工技术管理岗位	1.负责水工技术管理的具体工作; 2.参与工程管理规划、养护修理年度计划的编制工作; 3.负责工程养护修理的质量监督; 4.参与工程设施一般事故调查,提出技术分析意见	A	B
	大坝安全监测管理岗位	负责管理、监测水工建筑物,使之处在安全运行状态,具体承担大坝安全监测的管理工作	A	B
工程管理科	机电和金属结构技术管理岗位	承担机电、金属结构等的技术管理工作,承担通信(预警)系统、闸门启闭机集中控制系统、自动化观测系统、防汛决策系统及办公自动化系统等的管理工作	A	B
	信息和自动化管理岗位	1.负责通信(预警)系统、闸门启闭机集中控制系统; 2.负责自动化观测系统、防汛决策系统及办公自动化系统的管理工作; 3.参与工程信息和自动化系统的技术改造; 4.处理信息化设备运行、维护中的技术问题	A	B
	计划与统计管理岗位	1.负责计划与统计具体业务工作; 2.参与编制工程管理的中长期规划及年度计划; 3.负责相关的合同管理工作; 4.参与工程预(决)算及竣工验收相关工作	A	B
	闸门及启闭机运行岗位	1.实施闸门启闭作业; 2.负责闸门及启闭机的日常维护工作,处理常见故障并报告; 3.填报运行值班记录; 4.负责水电站的日常维护及运行管理工作	A	B

续表 1-2

所在部门	岗位名称	工作事项	管理人员姓名	
工程管理科	大坝安全监测岗位	1. 负责大坝的检查和观测工作； 2. 填写监测记录； 3. 负责监测设施的日常检查与维护工作； 4. 负责大坝安全监测资料整编和分析工作； 5. 参与大坝安全鉴定工作； 6. 参与工程设施事故的调查处理； 7. 参与大坝工程保卫工作	A	B
水资源和水政渔政管理科	水政监察岗位	1. 监督检查水事活动，维护正常的水事秩序； 2. 保护水库管理和保护范围内水资源、水工程、水土保持、生态环境、防汛抗旱和水文监测等有关设施； 3. 向有关部门报告公民、法人或其他组织违反法律法规的行为； 4. 参与配合公安和司法部门查处水事案件和刑事案件； 5. 参与工程保卫工作	A	B
	水土资源管理岗位	负责编制工程管理范围内的水土、林木、渔业等资源保护、管理、开发利用、规划、计划；参与工程管理和保护范围内水土保持措施的检查、监督工作	A	B
防汛科	水库调度管理岗位	1. 参与编制水库调度运用方案； 2. 实施水库调度，并传递有关调度信息； 3. 整编水库调度资料，编写技术总结； 4. 制定供水管理、水费计收办法等规章制度； 5. 负责供水计量、水费计收管理的日常工作，结合调度指令合适时供水	A	B

续表 1-2

所在部门	岗位名称	工作事项	管理人员姓名	
	水库运行负责岗位	1.遵守规章制度和操作规程; 2.组织实施运行作业; 3.负责指导、检查、监督运行作业,保证工作质量和操作安全,发现问题及时处理; 4.负责运行工作原始记录的检查复核工作	A	B
	水库电气设备运行岗位	1.负责各种电气设备的运行操作; 2.负责电气设备及其线路日常检查及维护,及时处理常见故障; 3.编报运行值班记录; 4.负责电站运行维护	A	B
			A	B
			A	B
	水库通信设备运行岗位	承担通信设备运行工作	A	B
防汛科	防汛物资保管岗位	1.防汛物资的保管工作; 2.定期检查防汛物资; 3.及时报告防汛物资储存和管理情况	A	B
	水文观测与水质监测岗位	1.负责工程水文观测与水质监测工作; 2.负责水文观测仪器和水文自动化设备的日常检查与维护工作; 3.参与水污染防治调查工作; 4.负责资料整理工作	A	B
			A	B
			A	B

续表1-2

所在部门	岗位名称	工作事项	管理人员姓名	
财务科	财务与资产管理负责岗位	1.承担水库资产保值、增值的任务; 2.主要工作内容包括固定资产的管理、财务收支、控制、核算、分析和考核、资产调拨等;会计核算与会计监督等会计业务;相关税务、工商等方面的联系、协调工作	A	B
	财务与资产管理岗位	主要工作内容包括固定资产的管理、财务收支、控制、核算、分析和考核、资产调拨等;会计核算与会计监督等会计业务;相关税务、工商等方面的联系、协调工作	A	B
	会计岗位	1.承担会计业务工作,进行会计核算和会计监督,保证会计工作依法进行; 2.建立健全会计核算和相关管理制度,保证会计资料的真实、准确、完整; 3.参与编制财务收支计划和年度预算与决算报告,承担会计档案保管及归档工作; 4.负责编制会计报表	A	B
	出纳岗位	1.根据审核签章的记账凭证,办理现金、银行存款的收付结算业务; 2.及时登记现金、银行日记账,做到日清月结,账实相符; 3.管理支票、库存现金及有价证券; 4.参与编制财务收支计划和年度预算与决算报告	A	B

注:1.管理人员采用AB角制,即工作事项主要由A负责,当A请假时,由B暂代;

2.厘清工作事项,并根据现有管理人员的工作能力、技术水平和专业特点,分配到相应的岗位和事项中。可一人多岗、一岗多人,但严禁无事设岗或事无岗。

技术总负责岗位的职责:贯彻执行国家的有关法律、法规和相关技术标准;全面负责技术管理工作,掌握工程运行状况,保障工程安全和效益发挥;组织制订、实施科技发展规划与年度计划;组织制订调度运用方案、工程的除险加固、更新改造和扩建建议方案;组织制订工程养护修理计划,组织或参与工程验收工作;指导防洪抢险技术工作;组织工程设施的一般事故调查处理,提出或审查有关技术报告;参与工程设施重大事故的调查处理;组织开展水利科技开发和成果的推广应用,指导职工技术培训、考核及科技档案工作。

财务与资产总负责岗位的职责:贯彻执行国家财政、金融、经济等有关法律、法规;负责财务与资产管理工作;组织制订和执行经济发展规划及财务年度计划,建立健全财务与资产管理的各项规章制度;负责资产运营管理工作。

单位事务与管理岗位的职责:贯彻执行国家的有关法律、法规及上级部门的有关规定;组织制定各项行政管理规章制度并监督实施;负责管理行政事务、文秘、档案等工作;负责并承办行政事务、公共事务及后勤服务等工作;承办接待、会议、车辆管理、办公设施管理等工作;协调处理各种关系,完成领导交办的其他工作。

文秘与档案管理岗位的职责:遵守国家有关文秘、档案方面的法律、法规及上级主管部门的有关规定;承担公文起草、文件运转等文秘工作;承担档案管理工作;承担收集信息、宣传报道,协助办理有关行政事务管理等具体工作。

人事劳动教育管理岗位的职责:贯彻执行劳动、人事、社会保障等有关的法律、法规及上级主管部门的有关规定;负责并承办人事、劳动、职工岗位培训、专业技术职称和工人技术等级的申报评聘、安全生产、社会保险等管理工作;负责离退休人员的管理工作。

安全生产管理岗位的职责:遵守国家有关安全生产的法律、法规和相关技术标准;承担安全生产管理与监督工作;承担安全生产宣传教育工作;参与制定、落实安全管理制度及技术措施;参与安全事故的调查处理及监督整改工作。

工程技术管理负责岗位的职责:贯彻执行国家有关的法律、法规及相关技术标准;负责工程技术管理,掌握工程运行状况,及时处理主要技术问题;组织编制并落实工程管理规划、年度计划及工程度汛方(预)案;组织编制和实施水库调度运用方案;负责水文预报及有关资料的整编工作;负责工程除险加固、更新改造及扩建项目立项申报的相关工作,参与项目实施中的有关管理工作;组织工程的养护修理并参与有关验收工作;负责汛前准备、汛期抢险、水毁修复等技术管理工作;参与工程设施重大隐患、事故的调查处理,进行技术分析工作;组织开展有关工程管理的科研开发和新技术的应用工作;组织技术资料收集、整编及归档工作。

水工技术管理岗位的职责:遵守国家有关工程管理方面的法规和相关技术标准;承担水工技术管理的具体工作;参与工程管理规划、养护修理年度计划的编制工作;承担工程养护修理的质量监管工作;参与工程设施一般事故调查,提出技术分析意见。

大坝安全监测管理岗位的职责:遵守国家有关大坝安全管理方面的法规和技术标准;承担大坝安全监测的管理工作、处理监测中出现的技术问题;负责大坝安全监测资料整编和分析工作,并提出工程运行状况报告;参与大坝安全鉴定工作;参与工程设施事故的调查处理,提出技术分析意见。

机电和金属结构技术管理岗位的职责:遵守国家有关法律、法规和相关技术标准;承担机电、金属结构等的技术管理工作,保障设备正常运行;承担机电设备、金属结构等的检查、运行、维护等技术工作,并承办资料整编和归档;参加机电设备、金属结构等的事故调查,提出技术分析意见。

信息和自动化管理岗位的职责:遵守国家有关信息和自动化管理方面的法律、法规和相关技术标准;承担通信(预警)系统、闸门启闭机集中控制系统、自动化观测系统、防汛决策支持系统及办公自动化系统等管理工作;处理设备运行、维护中的技术问题;参与工程信息和自动化系统的技术改造工作。

计划与统计管理岗位的职责:遵守国家有关计划与统计方面的法律、法规及上级主管部门的有关规定;承担计划与统计具体业务工作;参与编制工程管理的中长期规划及年度计划;承担相关的合同管理工作;参与工程预(决)算及竣工验收相关工作。

水土资源管理岗位的职责:遵守国家有关法律、法规及上级主管部门的有关规定;编制工程管理范围内的水土、林木、渔业等资源管理保护、开发利用的规划和计划,并组织实施;参与工程管理范围内水土保持措施的检查、监督工作。

水库调度管理岗位的职责:遵守国家有关水库调度、供水方面的法律、法规和上级有关规定、指令;参与编制水库调度运用方案;按规定实施水库调度,并传递有关调度信息;整编水库调度资料,编写技术总结;制定供水管理、水费计收办法等规章制度;承办供水计量、水费计收管理的日常工作,结合调度指令适时供水。

水库运行负责岗位的职责:按照操作规程和有关规定,组织实施运行作业;负责指导、检查、监督运行作业,保证工作质量和操作安全,发现问题及时处理;负责运行工作原始记录的检查、复核工作。

水库电气设备运行岗位的职责:遵守规章制度和操作规程;承担各种电气设备的运行操作;承担电气设备及其线路日常检查及维护,及时处理常见故障;填报运行值班记录。

水库通信设备运行岗位的职责:遵守规章制度和操作规程;承担通信设备运行工作;巡查设备运行情况,及时处理常见故障;填报运行值班记录。

防汛物资保管岗位的职责:遵守规章制度和有关规定;承担防汛物资的保管工作;定期检查所存物料、设备,保证其安全和完好;及时报告防汛物料及设备的储存和管理情况。

水文观测与水质监测岗位的职责:遵守规章制度和相关技术标准;承担工程水文观测与水质监测工作;填写、保存原始记录;进行资料整理,参与资料整编;承担水文观测仪器和水文自动化设备的日常检查与维护工作;参与水污染监测与防治的调查工作。

财务与资产管理负责岗位的职责:贯彻执行国家有关财务、会计、经济和资产管理方面的法律、法规和有关规定;负责财务和资产管理工作;建立健全财务和资产管理的规章制度,并负责组织实施、检查和监督;组织编制财务收支计划和年度预算并组织实施;负责编制年度决算报告;负责有关投资和资产运营管理工作。

财务与资产管理岗位的职责:遵守国家有关财务、会计、经济和资产管理方面的法律、法规和有关规定;承办财务和资产管理的具体工作;参与编制财务收支计划和年度预算与决算报告;承担防汛物资的管理工作;参与有关投资和资产运营管理工作。

会计岗位的职责:遵守《中华人民共和国会计法》等法律、法规,执行《水利工程管理单位财务制度》和《水利工程管理单位会计制度》;承担会计业务工作,进行会计核算和会计监督,保证会计凭证、账簿、报表及其他会计资料的真实、准确、完整;建立健全会计核算和相关管理制度,保证会计工作依法进行;参与编制财务收支计划和年度预算与决算报告,承担会计档案保管及归档工作;编制会计报表。

出纳岗位的职责:遵守《中华人民共和国会计法》等法律法规,执行《水利工程管理单位财务制度》和《水利工程管理单位会计制度》;根据审核签章的记账凭证,办理现金、银行存款的收付结算业务;及时登记现金、银行日记账,做到日清月结,账实相符;管理支票、库存现金及有价证券;参与编制财务收支计划和年度预算与决算报告。

水政监察岗位的职责:宣传贯彻《中华人民共和国水法》《中华人民共和国水土保持法》《中华人民共和国防洪法》《中华人民共和国水污染防治法》等法律法规;负责并承担管理范围内水资源、水域、生态环境及水利工程或设施等的保护工作;负责对水事活动进行监督检查,维护正常的水事秩序,对公民、法人或其他组织违反法律法规的行为实施行政处罚或采取其他行政措施;配合公安和司法部门查处水事治安和刑事案件;受水行政主管部门委托,负责办理行政许可和征收行政事业性规费等有关事宜。

闸门及启闭机运行岗位的职责:遵守规章制度和操作规程;严格按调度指令进行闸门启闭作业;承担闸门及启闭机的日常维护工作,及时处理常见故障并报告;填报运行值班记录。

大坝安全监测岗位的职责:遵守规章制度和相关技术标准;承担水工建筑物的检查和观测工作;填写、保存原始记录;进行资料整理工作;承担监测设备、设施的日常检查与维护工作。

第五节　管理与保护范围

一、工程区管理范围

水库内:设计兴利水位127.00 m以下的库区。水库外:东至水库;北至溢洪闸北边墩内沿向北120 m(管理房北院墙外2 m);西至坝下游坡脚外200 m(至防浪墙300 m),顺溢洪闸南边墩由防浪墙垂直向西200 m(溢洪道右岸向外10 m),大坝南端由防浪墙垂直向西300 m;南至水库管理所仓库南大墙外2 m(以此墙向西延伸至公路中心),西南与陡山乡政府相邻。其他溢洪闸、放水洞等各类建筑物边线以外30 m。

二、运行区管理范围

南至水库管理处仓库南大墙外2 m(由此墙延伸至公路中心),西南与陡山乡原政府相邻;北至现管理处后墙。

三、工程保护范围

设计兴利水位(127.00 m)至校核洪水位(131.99 m)之间的库区;大坝北端溢洪闸北300 m,坝南端向南300 m,坝下游坡脚外500 m;溢洪闸、放水洞等各类建筑物管理范围的相连地域以外250 m。

第六节 管理设施

一、大坝安全监测设施

陡山水库大坝监测设施主要有:渗流监测设施、变形监测设施、水文监测设施等。

(1)渗流监测设施:渗流压力观测设置3个观测断面。坝体渗水压力观测分别在桩号0+250 m、0+400 m、0+500 m设3个横向监测断面,0+250 m断面布置3个测压管监测孔,0+400 m断面布置4个测压管监测孔,0+500 m断面布置4个测压管监测孔,共11个测压管。

坝基渗水压力观测分别在桩号0+250 m、0+400 m、0+500 m设3个横向监测断面,0+250 m断面布置3个测压管监测孔,0+400 m断面布置4个测压管监测孔,0+500 m断面布置4个测压管监测孔,共11个测压管。采用浮子式水位传感器自动观测,每个观测断面顺坝坡埋设观测光缆,先与大坝照明电缆同槽布设,然后引至调度中心。溢洪闸的扬压力通过测压管进行观测,测压管布置在左右边墩外侧,第2孔、第4孔闸底板下,其中边墩为绕流测压管,闸底板下为低流测压管,左右闸墩外侧上下游各布置5个,闸孔底板每个断面布置4个,共计18个测点。扬压力观测采用振弦式孔隙水压力计,用坑式埋设法;各振弦式孔隙水压力计埋设位置均约在建基面以下0.5 m。

(2)变形监测设施:用于大坝水平位移和垂直位移观测。水平位移观测采用全站仪视准直线法,垂直位移观测采用水准仪高程测量方法;0+250 m断面各设3个水平位移和垂直位移共用监测点,0+400 m、0+500 m断面各设4个水平位移和垂直位移共用监测点。溢洪闸水平位移观测采用GPS静态监测方式,垂直位移观测采用水准仪测量方法,满足三等水准测量;监测点布置在1号、6号边墩和3号中墩上,闸门上下游各1个监测点,共安装6个垂直位移和水平位移共用监测点。陡山水库溢洪闸测压管分别布置在1号、6号边墩及4号中墩上,其中边墩为绕流测压管,中墩为低流测压管,每个闸墩上布设3个,共计9个。测压管内部设扬压力监测点,由传感器经压力传感专用电缆至扬压力显示仪表,由总线至溢洪闸配电室屏内PLC、管理处中控室,实现闸墩安全压力的自动化监测。

大坝水平位移测点与沉降位移测点,共用同一观测点,在大坝左、右侧外围岩石或坚硬原状土上各设4个水准基点,共计8个。为了便于校核两岸基准点,在大坝左、右侧各设1个校核基点。

(3)水文监测设施:观测设备采用直立式水尺,直立式水尺设置3组,在溢洪闸前、放水洞右侧及引水隧洞进口各设1组。在溢洪闸上游6 m处布设1个泄洪流量监测断面,配置 1 支流速仪,根据流速及水流断面来推算泄洪流量。

二、自动化监测系统

陡山水库自动化监测系统包括大坝及溢洪闸渗漏安全监测、水库水位观测等。

大坝渗流观测布置桩号分别在 0+250 m 断面、0+400 m 断面、0+500 m 断面,每个断面设计 4 个观测点(0+250 m 断面 3 个观测点),每个观测点布置 1 个坝体测压管和 1 个坝基测压管,共 11 个坝体测压管、11 个坝基测压管。大坝各断面振弦式压力计直接连至现地的数据采集微控制单元上,每个断面设微控制单元 1 台,并在 0+250 m 处设置 RS485 转光纤以太网转换器,取得的测压管数据直接连接到光纤以太网,传输到控制中心。

溢洪闸渗流油压管分别布置在左右边墩外侧,第 2 孔、第 4 孔闸底板下,其中边墩为绕流测压管,闸底板下为低流测压管,左右闸墩外侧上下游各布置 5 个,闸底板每个断面布置 4 个,共计 18 个测点。溢洪闸设置 1 台振弦式传感器数据采集仪,直接连接溢洪闸控制中心。溢洪闸、放水洞闸门均设置现地控制柜,通过光纤网络连入水库测控以太网,以实现远程操作与监控。

目前,自动化监测系统运行正常,数据可靠,为工程安全运行提供了保障。

三、视频监控系统

鉴于陡山水库视频监控系统布置监控点多、分布广的特点,设置数处监控子中心点,监控设备就近上网,各中心点视频数据直接连接至水库光纤以太网,以利于其他地点甚至广域网调用。

监控位置设置如下:水库周边沿库岸设计 20 个监控点,布置激光高速球机;管理处大门设置 1 个变焦一体摄像机,内部 7 个重要场所的监控采用定焦红外一体摄像机;溢洪闸闸门监控采用 5 台定焦红外一体摄像机;桥头堡一侧设置变焦一体摄像机 1 台;大坝顶侧设置定焦一体摄像机 8 台;放水洞控制室内设置 1 台定焦一体摄像机,外侧设置变焦一体摄像机 1 台;引水隧洞控制室内设置 1 台定焦一体摄像机,外侧设置定焦一体摄像机 1 台。全球机中根据监控范围选用 36 倍光学变焦、16 倍电子变焦的变焦镜头。定焦摄像机则根据需要选择带红外的一体机。为保证监控清晰度,预设方案中全部采用 480 线(垂直分辨率)以上的摄像机。

系统设置溢洪闸和管理处 2 个监控子中心,附近的监控点均先由电缆直接接入相应的视频主机,再连接到水库测控光纤网无线传输的监控点,连至管理处监控中心。

四、办公用房

陡山水库管理处办公楼建成于 2015 年,建筑面积 2 235 m²,为钢筋混凝土框架结构。

五、防汛仓库

陡山水库防汛仓库位于管理处办公楼内,建筑面积 250 m²。

六、电源

陡山水库供电电源由莒南电力总公司大店供电站提供,备用电源为自备柴油发电机组,安装于溢洪闸北侧桥头堡内,型号 KF150GF,容量 150 kW。

七、对外交通设施

陡山水库大坝防汛公路向西与陡大路(陡山—大店)相连,向南与陡十路(陡山—十字路)相连,向北与环湖公路相连,均为沥青混凝土路面,路面宽 6 m,交通便利。

八、通信设施

陡山水库报汛、通信设施现有有线电话、无线电话、传真、对讲机和其他专用通信网络等。

警报设施有蜂鸣器、高音喇叭等。

九、应急措施

处置突发事件应急抢险设施有:应急灯、救生衣、铁锹、雨衣、雨伞、雨靴、安全帽、编织袋、电缆、土工布、土工膜、手电筒、砂石等。

十、标识标牌

陡山水库标识标牌分为公告类、名称类、警示类和指引类,主要分布在大坝、溢洪闸、放水洞等工程设施处。

第二章 注册登记与安全鉴定

第一节 注册登记

一、工作内容

按照《水库大坝注册登记办法》(水利部水管〔1995〕290号),陡山水库于1997年5月办理了水库大坝注册登记手续。

水库除险加固工程于2013年9月开工,2019年1月竣工。加固工程完成后按照《水库大坝注册登记办法》(水利部水管〔1995〕290号),陡山水库管理处及时进行了水库大坝变更登记,报送了注册登记资料。

2015年11月24日,领取了"水库大坝注册登记证"。2019年1月25日,陡山水库除险加固工程通过竣工验收,陡山水库管理处对大坝资料进行了变更登记。

二、工作流程

大坝注册登记流程如图2-1所示。

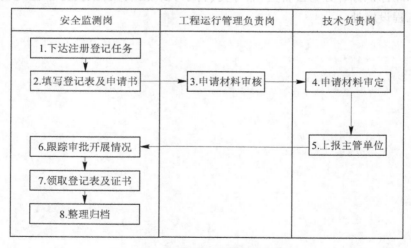

图2-1 大坝注册登记流程

三、工作要求

(1)根据《水库大坝注册登记办法》(1997年修订,水政资〔1997〕538号),已注册登记的大坝完成扩建、改建的,或经批准升级、降级的,或大坝隶属关系发生变化的,应在此后 3 个月内,向登记机构办理变更事项登记。大坝失事后应立即向主管部门和登记机构报告。

(2)大坝完成鉴定后,大坝管理单位应在 3 个月内,将安全鉴定情况和安全类别报原登记机构,大坝安全类别发生变化者,应向原登记受理机构申请换证。

(3)工程管理科填写"大中型水库大坝注册登记申请表",并提供与竣工验收、安全鉴定等相关的注册登记资料。

(4)填写上述注册登记申请表后由工程管理科负责人审核。

(5)经审核后,报技术负责人审定。

(6)经审定后,行文上报至注册登记机构。

(7)有关科室定期跟踪审核、注册登记进展情况,及时按要求补充完善相关资料。

(8)注册登记完成后,及时取回注册登记表、登记证。

(9)登记表整理归档。

第二节　安全鉴定

一、工作内容

根据《水库大坝安全鉴定办法》(水建管〔2003〕271 号)和陡山水库实际情况,开展大坝安全鉴定工作。2010 年 9 月,山东省临沂市水利勘测设计院编制完成了"莒南县陡山水库大坝安全鉴定综合报告"。2010 年 11 月,山东省水利厅组织有关部门、专家对水库安全鉴定进行了审查,按照水利部《水库大坝安全鉴定办法》(水建管〔2003〕271 号)的有关要求,对陡山水库工程进行了安全鉴定,鉴定为三类坝。

2011 年 3 月 3 日,水利部大坝安全管理中心以坝函〔2011〕446 号文《关于岸堤水库等 3 座三类坝安全鉴定成果的核查意见》,同意陡山水库大坝为三类坝。

水库除险加固工程于 2013 年 9 月 29 日开工,2019 年 1 月 25 日竣工,通过了山东省水利厅主持的竣工验收,已于 2022 年进行了大坝安全鉴定工作。

二、工作流程

(1)提出初步鉴定计划,报鉴定组织单位审核;

(2)鉴定组织单位会商管理单位选择符合资质的安全鉴定单位;

(3)鉴定组织单位组织专家现场检查;

(4)跟踪及配合鉴定工作;

(5)组织内审和技术审查;

(6)审定单位组织安全鉴定会议;

(7)资料整理及归档。

三、工作要求

（1）根据《水库大坝安全鉴定办法》（水建管〔2003〕271号），首次安全鉴定应在竣工验收后5年内进行，以后应每隔6~10年进行一次。

（2）运行中遭遇特大洪水、强烈地震、工程发生重大事故或出现影响安全的异常现象后，应组织专门的安全鉴定。

（3）实施前，制订大坝安全鉴定工作计划，经有关科室初核、报水库管理单位审核。

（4）确定大坝安全鉴定单位。

（5）收集提供鉴定工作所需的各类运行管理资料、维修养护资料、台账。

（6）配合鉴定单位对工程现场进行检查。

（7）配合鉴定承担单位完成大坝安全评价报告和安全鉴定报告书。

（8）按照规定，组织大坝安全鉴定审查。

（9）及时向上级主管部门上报经专家审查的大坝安全鉴定报告。

（10）跟踪上级主管部门对大坝安全鉴定报告的审批。

（11）上级主管部门完成报告审批后，及时对审批报告的资料进行整理并归档。

（12）依据鉴定成果指导水库的安全运行、更新改造和除险加固。

第三章 闸门操作

第一节 溢洪闸启闭手动操作

一、工作要求

（1）运行人员应经考试合格并取得上岗证后方可进行闸门启闭操作。

（2）运行人员应熟悉启闭机各机构的构造和技术性能、闸门的整体结构、安全防护装置的性能。

（3）熟记操作规程及有关法令。

（4）掌握电机控制设备和电气方面的基本知识，以及保养和维修的基本知识。

二、工作准备

（1）闸门启闭前检查。

检查上下游是否有影响泄洪的船只、漂浮物、杂物、捕鱼等情况。

检查各设备、零部件及仪表等是否完好。

（2）运行前对闸门水封处进行淋水润滑处理。

操作人员对水封橡皮与钢板水封的接触面采用清水冲淋润滑，以防损坏水封橡皮。

三、工作流程

首先合上 3 号配电柜内负荷开关，观察电压表指示，确保供电电压正常。再依次合上控制柜内的断路器。启门：按下启动开关。

四、注意事项

（1）启闭门互锁控制：当闸门处于启门过程中，该闸门闭门操作无效；同理，当闸门处于闭门过程中，该闸门启门无效。在启门过程中不得闭门，在闭门过程中不得启门。

（2）其他控制功能：①紧急停止：可实现系统的紧急停止，当系统出现故障或其他紧急状态时，按下"紧急停止"按钮；②故障复位：当出现故障报警时，按下"故障复位"按钮，可消除报警，按住"故障复位"按钮 3 s 后故障消除；③声光报警：当出现故障后，发出声光报警，显示维持，直到故障排除或手动复位。

五、工作报告及记录

操作票分为"溢洪闸工作闸门开启操作票"和"溢洪闸工作闸门关闭操作票"两种，按照实际工作内容进行填写。操作票编号应与工作票编号保持一致,并用字母"K"与"G"区分操作内容。溢洪闸工作闸门开启、关闭操作票分别见表3-1、表3-2。

表 3-1 溢洪闸工作闸门开启操作票

操作票编号:　　　　　　　　　　　　　　　　　　　日期:　　年　　月　　日

操作指令	操作指令编号:	日期:　　年　　月　　日
	闸门开启高度:　　m	启(闭)时间:　　时　　分
操作前检查	上游水面检查情况(进口水流、水面情况)	□正常　　□异常
	闸门行程检查情况	□正常　　□异常
	启闭设备检查情况(启闭机、电气设备)	□正常　　□异常
	下游出口检查情况(出口水流)	□正常　　□异常
下游河道检查	检查人员:	
	检查时间:	
闸门开启操作	开启闸门	□1#工作闸门　　□X#工作闸门
	操作开始时间	时　　分
	操作结束时间	时　　分
	开启高度/m	
闸门启(闭)后检查	上游水面检查情况(进口水流、水面情况)	□正常　　□异常
	启闭设备检查情况(启闭机、电气设备)	□正常　　□异常
	下游出口检查情况(出口水流)	□正常　　□异常
观察人员(签名):		
操作人员(签名):		监护人员(签名):
操作反馈	运行负责人(签名):	时间:　　时　　分

表 3-2　溢洪闸工作闸门关闭操作票

操作票编号：　　　　　　　　　　　　　　　　　日期：　　年　　月　　日

操作指令	操作指令编号：	日期：　　年　　月　　日	
	闸门关闭高度：　　m 至　　m	关闭时间：　　时　　分	
		库水位/m：	
操作前检查	上游水面检查情况(进口水流、水面情况)	□正常　　□异常	
	闸门行程检查情况	□正常　　□异常	
	启闭设备检查情况(启闭机、电气设备)	□正常　　□异常	
	下游出口检查情况(出口水流)	□正常　　□异常	
下游河道检查	检查人员：		
	检查时间：		
闸门关闭操作	关闭闸门	□1#工作闸门　　□X#工作闸门	
	操作开始时间	时　　分	
	操作关闭时间	时　　分	
	闸门高度/m		库水位/m	
闸门启(闭)后检查	上游水面检查情况(进口水流、水面情况)	□正常　　□异常	
	启闭设备检查情况(启闭机、电气设备)	□正常　　□异常	
	下游出口检查情况(出口水流)	□正常　　□异常	
观察人员(签名)：			
操作人员(签名)：		监护人员(签名)：	
操作反馈	运行负责人(签名)：	时间：　　时　　分	

在每项工作完成后,把操作工作的完成情况报告监护人员。在监护人员填写操作记录后,在记录单上签字,并将操作情况反馈至防汛科相关负责人。

陡山水库闸门操作流程如图 3-1 所示。

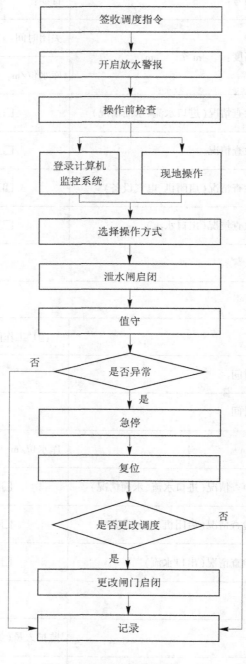

图 3-1 陡山水库闸门操作流程

第二节　溢洪闸启闭自动操作

一、工作要求

(1)运行人员应经考试合格并取得上岗证后方可进行闸门启闭操作。

(2)运行人员应熟悉启闭机各机构的构造和技术性能、闸门整体结构、安全防护装置的性能。

(3)熟记操作规程及有关法令。

(4)掌握电机控制设备和电气方面的基本知识,以及保养和维修的基本知识。

二、工作准备

(1)闸门启闭前检查。

检查上下游是否有影响泄洪的船只、漂浮物、杂物、捕鱼等情况。

检查各设备、零部件及仪表等是否完好。

(2)运行前对闸门水封处进行淋水润滑处理。

操作人员对水封橡皮与钢板水封的接触面采用清水冲淋润滑,以防损坏水封橡皮。

三、工作流程

首先合上3号配电柜内负荷开关,观察电压表指示,确保供电电压正常;再依次合上控制柜内的断路器;观察开关电源上的指示灯是否亮起。

(1)启门:选择开关旋到"自动"状态,选择"1#闸门",设置开启高度,用鼠标在屏上按下"开启闸门"按键,闸门开启,电脑屏显示实时开度;闸门自动提升至预设高度;按"停止闸门"按键,闸门可停于任意位置。

(2)闭门:选择开关旋到"自动"状态,选择"1#闸门",用鼠标在屏上按下"关闭闸门"按键,闸门关闭,电脑屏显示实时开度;闸门自动关闭,直到全关;按"停止闸门"按键,停门停泵,闸门可停于任意位置。

四、注意事项

(1)启闭门互锁控制:当闸门处于启门过程中,该闸门闭门操作无效;同理,当闸门处于闭门过程中,该闸门启门操作无效。在启门过程中不得闭门,在闭门过程中不得启门。

(2)其他控制功能:紧急停止、故障复位。

五、工作报告及记录

在每项工作完成后,把操作工作的完成情况报告监护人员。

监护人员填写操作记录后,在记录单上签字。

溢洪闸工作闸门自动启(闭)操作单见表3-3。

表3-3 溢洪闸工作闸门自动启(闭)操作单

工作闸门 □#

操作指令	操作指令编号:	日期: 年 月 日
	闸门启(闭)高度: m	启(闭)时间: 时 分
操作前检查	上游水面检查情况(进口水流、水面情况)	□正常 □异常
	闸门行程检查情况	□正常 □异常
	启闭设备检查情况(启闭机、电气设备)	□正常 □异常
	下游出口检查情况(出口水流)	□正常 □异常
下游河道检查	检查人员:	
	检查时间:	
闸门启(闭)操作	操作开启时间	时 分
	操作关闭时间	时 分
	开启高度/m	
闸门启(闭)后检查	上游水面检查情况(进口水流、水面情况)	□正常 □异常
	启闭设备检查情况(启闭机、电气设备)	□正常 □异常
	下游出口检查情况(出口水流)	□正常 □异常
观察人员(签名):		
操作人员(签名):		监护人员(签名):

第三节　溢洪闸启闭监护

一、工作内容

(1)督促启(闭)操作人员、观察人员进岗到位。

(2)按闸门启(闭)流程要求,给闸门操作人员、观察人员下达工作指令。

(3)复核操作人员、观察人员执行步骤及结果。

(4)检查操作人员的执行结果。

(5)根据闸门启(闭)观察人员反馈情况,判断是否确认中止操作过程。

(6)记录闸门操作过程。

(7)向防汛值班室反馈操作情况。

二、工作流程

(一)溢洪闸工作闸门开启总体流程

(1)签收闸门操作指令。

(2)闸门开启前检查。

(3)下游河道检查工作确认。

(4)闸门开启操作。

(5)闸门开启后检查。

(6)操作情况反馈。

(7)记录操作情况。

(二)溢洪闸工作闸门关闭总体流程

(1)闸门关闭前检查。

(2)闸门关闭操作。

(3)闸门关闭后检查。

(4)操作情况反馈。

(5)记录操作情况。

三、工作要求

(1)签收闸门操作指令,督促检查操作人员、观察人员进岗到位。

(2)在操作人员、观察人员到岗后,下达闸门启(闭)前检查的操作指令。

(3)核实闸门启(闭)前的检查,确认操作人员检查执行到位,检查中未发现异常情况时,下达下一步工作指令。

（4）在确认下游河道检查正常后，下达下一步操作指令。

（5）向防汛值班人员反馈闸门启（闭）准备工作已完成。

（6）确认闸门预启（闭）20 cm工作完成后，向观察人员下达检查指令，向操作人员下达启闭设备检查指令。

（7）检查未发现异常后，向操作人员下达闸门启（闭）操作［含启（闭）高度信息］指令。

（8）启（闭）过程中如接到异常报告，下达停止操作指令。

（9）闸门启（闭）至指令高度后，检查确认闸门开度仪的显示高度与"溢洪闸工作闸门自动启（闭）操作单"是否一致。

（10）核实闸门开度后，下达关闭电源指令。

（11）电源关闭后，下达启（闭）后的检查工作指令。

（12）待检查工作完毕后，向防汛值班人员反馈操作情况。

（13）记录操作情况。

四、工作记录

在每项工作完成后，记录操作工作的完成情况；操作完成后，复核观察人员、操作人员在记录单上签字情况。复核后在记录单上签字。

第四节　溢洪闸启闭操作观察

一、工作内容

（1）签收闸门操作指令。

（2）启（闭）前对闸门情况进行检查。

（3）观察闸门启（闭）过程情况。

（4）闸门启（闭）后对闸门情况进行检查。

二、工作流程及要求

（1）闸门启（闭）过程中必须有观察人员在岗。

（2）观察人员不少于1人。

（3）观察人员按监护人员指令开展工作。

（4）观察有异常情况应及时报告监护人员。

（5）闸门启（闭）操作观察工作的主要内容为：检查上下游是否有影响泄洪的船只、漂浮物、杂物、捕鱼等情况；检查各设备、零部件及仪表等是否完好。

三、工作报告及记录

（1）在每项工作完成后,把观察工作的完成情况报告监护人员;

（2）在监护人员填写操作记录后,观察人员在记录单上签字。

第五节 放水洞闸门启闭手动操作

一、工作要求

（1）运行人员应经考试合格并取得上岗证后方可进行闸门启闭操作。

（2）运行人员应熟悉启闭机各机构的构造和技术性能、闸门的整体结构、安全防护装置的性能。

（3）熟记操作规程及有关法令。

（4）掌握电机控制设备和电气方面的基本知识,以及保养和维修的基本知识。

二、工作准备

闸门启闭前检查:检查上游是否有影响泄洪的船只、漂浮物、杂物、捕鱼等情况;检查各设备、零部件及仪表等是否完好。

三、工作流程

首先合上配电柜内负荷开关,观察电压表指示,确保供电电压正常;再依次合上现地控制柜内的断路器;启门:按下启动开关。

四、注意事项

（1）启闭门互锁控制:当闸门处于启门过程中,该闸门闭门操作无效;同理,当闸门处于闭门过程中,该闸门启门操作无效。在启门过程中不得闭门,在闭门过程中不得启门。

（2）其他控制功能:紧急停止、故障复位。

五、工作报告及记录

操作票分为"放水洞工作闸门开启操作票"和"放水洞工作闸门关闭操作票"两种,按照实际工作内容进行填写。操作票编号应与工作票编号保持一致,并用字母"K"与"G"区分操作内容。开启操作票、关闭操作票分别见表3-4、表3-5。在每项工作完成后,把操作工作的完成情况报告监护人员。在监护人员填写操作记录后,在记录单上签字,并将操作情况反馈至工程管理科相关负责人。

表 3-4 放水洞工作闸门开启操作票

操作票编号：　　　　　　　　　　　　　　　　　　　日期：　　年　　月　　日

操作指令	操作指令编号：	日期：　年　月　日	
	闸门开启高度：　　m	启(闭)时间：　时　分	
操作前检查	上游水面检查情况(进口水流、水面情况)	□正常　□异常	
	闸门行程检查情况	□正常　□异常	
	启闭设备检查情况(启闭机、电气设备)	□正常　□异常	
	下游出口检查情况(出口水流)	□正常　□异常	
下游河道检查	检查人员：		
	检查时间：		
闸门启(闭)操作	开启闸门	□1#工作闸门	□X#工作闸门
	操作开始时间	时　　分	
	操作结束时间	时　　分	
	开启高度/m		
闸门启(闭)后检查	上游水面检查情况(进口水流、水面情况)	□正常　□异常	
	启闭设备检查情况(启闭机、电气设备)	□正常　□异常	
	下游出口检查情况(出口水流)	□正常　□异常	
观察人员(签名)：			
操作人员(签名)：		监护人员(签名)：	
操作反馈	运行负责人(签名)：	时间：　时　分	

表 3-5　放水洞工作闸门关闭操作票

操作票编号：　　　　　　　　　　　　　　　　　　　日期：　　年　　月　　日

操作指令	操作指令编号：	日期：　　年　　月　　日
	闸门关闭高度：　　m 至　　m	关闭时间：　　时　　分
		库水位/m：
操作前检查	上游水面检查情况（进口水流、水面情况）	□正常　　□异常
	闸门行程检查情况	□正常　　□异常
	启闭设备检查情况（启闭机、电气设备）	□正常　　□异常
	下游出口检查情况（出口水流）	□正常　　□异常
下游河道检查	检查人员：	
	检查时间：	
闸门关闭操作	关闭闸门	□1#工作闸门　　□X#工作闸门
	操作开始时间	时　　分
	操作关闭时间	时　　分
	闸门高度/m	库水位/m
闸门启（闭）后检查	上游水面检查情况（进口水流、水面情况）	□正常　　□异常
	启闭设备检查情况（启闭机、电气设备）	□正常　　□异常
	下游出口检查情况（出口水流）	□正常　　□异常
观察人员（签名）：		
操作人员（签名）：		监护人员（签名）：
操作反馈	运行负责人（签名）：	时间：　　时　　分

第六节　放水洞闸门启闭自动操作

一、工作要求

（1）运行人员应经考试合格并取得上岗证后方可进行闸门启闭操作。

（2）运行人员应熟悉启闭机各机构的构造和技术性能、闸门整体结构、安全防护装置的性能。

（3）熟记操作规程及有关法令。

（4）掌握电机控制设备和电气方面的基本知识，以及保养和维修的基本知识。

二、工作准备

闸门启闭前检查：检查上游是否有影响泄洪的船只、漂浮物、杂物、捕鱼等情况；检查各设备、零部件及仪表等是否完好。

三、工作流程

首先合上配电柜内负荷开关，观察电压表指示，确保供电电压正常；再依次合上现地控制柜内的断路器；观察开关电源上的指示灯是否亮起。

（1）启门：选择开关旋到"自动"状态，选择"放水洞闸门"，设置开启高度，用鼠标在屏上按下"开启闸门"按键，闸门开启，电脑屏显示实时开度；闸门自动提升至预设高度；按"停止闸门"按键，闸门可停于任意位置。

（2）闭门：选择开关旋到"自动"状态，选择"放水洞闸门"，用鼠标在屏上按下"关闭闸门"按键，闸门关闭，电脑屏显示实时开度；闸门自动关闭，直到全关；按"停止闸门"按键，停门停泵，闸门可停于任意位置。

四、注意事项

（1）启闭门互锁控制：当闸门处于启门过程中，该闸门闭门操作无效；同理，当闸门处于闭门过程中，该闸门启门操作无效。在启门过程中不得闭门，在闭门过程中不得启门。

（2）其他控制功能：紧急停止、故障复位、声光报警。

五、工作报告及记录

在每项工作完成后，把操作工作的完成情况报告监护人员。在监护人员填写操作记录后，在记录单上签字。

放水洞工作闸门自动启（闭）操作单见表3-6。

表3-6　放水洞工作闸门自动启(闭)操作单

操作票编号：　　　　　　　　　　　　　　　日期：　　年　　月　　日

操作指令	操作指令编号：	日期：　　年　　月　　日	
	闸门启(闭)高度：　　m	启(闭)时间：　　时　　分	
操作前检查	上游水面检查情况(进口水流、水面情况)	□正常　　□异常	
	闸门行程检查情况	□正常　　□异常	
	启闭设备检查情况(启闭机、电气设备)	□正常　　□异常	
	下游出口检查情况(出口水流)	□正常　　□异常	
下游河道检查	检查人员：		
	检查时间：		
闸门启(闭)操作	操作开启时间	时　　分	
	操作关闭时间	时　　分	
	开启高度/m		
闸门启(闭)后检查	上游水面检查情况(进口水流、水面情况)	□正常　　□异常	
	启闭设备检查情况(启闭机、电气设备)	□正常　　□异常	
	下游出口检查情况(出口水流)	□正常　　□异常	
观察人员(签名)：			
操作人员(签名)：		监护人员(签名)：	

第七节　放水洞闸门启闭监护

一、工作内容

(1)督促启(闭)操作人员、观察人员进岗到位;

(2)按闸门启(闭)流程要求,给闸门操作人员、观察人员下达工作指令;

(3)复核操作人员、观察人员执行步骤及结果;

(4)检查操作人员的执行结果;

(5)根据闸门启(闭)观察人员反馈情况,判断是否确认中止操作过程;

(6)记录闸门操作过程;

(7)向防汛值班室反馈操作情况。

二、工作流程

(一)放水洞工作闸门开启总体流程

(1)签收闸门操作指令;

(2)闸门开启前检查;

(3)下游控制闸阀检查工作确认;

(4)闸门开启操作;

(5)闸门开启后检查;

(6)操作情况反馈;

(7)记录操作情况。

(二)放水洞工作闸门关闭总体流程

(1)闸门关闭前检查;

(2)闸门关闭操作;

(3)闸门关闭后检查;

(4)操作情况反馈;

(5)记录操作情况。

三、工作要求

(1)签收闸门操作指令,督促检查操作人员、观察人员进岗到位;

(2)在操作人员、观察人员到岗后,下达闸门启(闭)前检查的操作指令;

(3)核实闸门启(闭)前的检查,确认操作人员检查执行到位,检查中未发现异常情况时,下达下一步工作指令;

(4)在确认下游闸阀检查正常后,下达下一步操作指令;

(5)向防汛值班人员反馈闸门启(闭)准备工作已完成;

(6)确认闸门预启(闭)20 cm 工作完成后,向观察人员下达检查指令,向操作人员下达启闭设备检查指令;

（7）检查未发现异常后，向操作人员下达闸门启（闭）操作［含启（闭）高度信息］指令；

（8）启（闭）过程中如接到异常报告时，下达停止操作指令；

（9）闸门启（闭）至指令高度后，检查确认闸门开度仪的显示高度与"放水洞工作闸门自动启（闭）操作单"是否一致；

（10）核实闸门开度后，下达关闭电源指令；

（11）电源关闭后，下达启（闭）后的检查工作指令；

（12）待检查工作完毕后，向防汛值班人员反馈操作情况；

（13）记录操作情况。

四、工作记录

在每项工作完成后，记录操作工作的完成情况；操作完成后，复核观察人员、操作人员在记录单上签字情况。复核后在记录单上签字。

第八节　放水洞闸门启闭操作观察

一、工作内容

（1）签收闸门操作指令；

（2）启（闭）前对闸门情况进行检查；

（3）观察闸门启（闭）过程情况；

（4）闸门启（闭）后对闸门情况进行检查。

二、工作流程及要求

（1）闸门启（闭）过程中必须有观察人员在岗。

（2）观察人员不少于1人。

（3）观察人员按监护人员指令开展工作。

（4）观察有异常情况应及时报告监护人员。

（5）闸门启（闭）操作观察工作的主要内容为：检查上游是否有影响泄洪的船只、漂浮物、杂物、捕鱼等情况；检查各设备、零部件及仪表等是否完好。

第四章 运行调度

第一节 调度制度

制定水库运行制度,包括防洪调度制度、兴利调度制度、泄水预警等有关运行调度制度,并列入制度汇编。

第二节 防洪调度

水库防洪调度应遵循下列原则:

(1)在保证水库安全的前提下,按下游防洪需要,对入库洪水进行调蓄,充分利用洪水资源。

(2)汛期限制水位以上的防洪库容调度运用,应按各级防汛指挥部门的调度权限,实行分级调度。

(3)与下游河道和分、滞洪区联合运用,充分发挥水库的调洪错峰作用。

一、调度规程编制

(一)工作内容

当水库调度任务、运行条件、调度方式、工程安全状况等发生重大变化时,对调度规程进行修订或重编。

(二)工作流程及要求

(1)制订调度规程编制方案。

(2)根据有关规定,选定编制单位。

(3)收集水库有关的自然地理、水文气象、社会经济、工程情况、各科室对水库调度的要求等基本资料。

(4)配合编制单位制定调度规程。

(5)将编制完成的规程上报主管单位进行审批。

(6)跟踪主管单位审批情况,将批准的规程及时分发至各科室。

(三)工作记录

将调度规程整理归档,每年2月15日前组织有关技术人员进行调度规程培训。

二、调度计划

当水库水位低于允许壅高水位(126.06 m)时,5孔溢洪闸同步开启3.12 m,控制泄量1 000 m³/s;当水库水位高于允许壅高水位且水位持续上涨时,5孔溢洪闸全部开启,按自由出流敞泄,以确保水库大坝安全。

陇山水库 2020 年 6 月 21 日至 8 月 15 日控制水库蓄水位为 125.00 m。

当雨前库水位低于汛中限制水位 125.00 m,预计雨后水位也不超过汛中限制水位时,溢洪闸不开启泄洪。

当雨前库水位达到汛中限制水位 125.00 m,遇 24 h 径流深不超过 167.7 mm 的情况时,应同步等高开启溢洪闸,闸门开启高度 3.12 m,最大控制下泄流量 1 000 m³/s,预计最高洪水位不超过允许壅高水位 126.06 m。

当雨前库水位为汛中限制水位 125.00 m,遇 24 h 径流深不超过 696.0 mm 的情况时,应随洪水入库过程变化,在库水位低于允许壅高水位 126.06 m 时,按闸门开启高度不超过 3.12 m,控制下泄流量不大于安全流量 1 000 m³/s,库水位达到允许壅高水位时,应全开溢洪闸门敞泄,预计最高库水位不超过允许最高水位 131.80 m,最大泄流量 3 339 m³/s。

三、洪水预报

(一)工作内容

预报某场洪水过程及特征参数(最高库水位、洪峰、洪水总量、洪峰出现时间等)。

(二)工作流程

(1)收集洪水预报资料并整理。

(2)检查遥测系统、洪水预报系统和实时数据情况。

(3)洪水预报系统预报最大洪峰值、洪峰出现时间。

(4)人工洪水预报计算洪水总量、最高库水位。

(5)预报成果审核上报。

(三)工作要求

(1)结合洪水前期降水量确定径流系数:当前期降水量较明显时,径流系数应相对大;当前期无明显降水量时,一般径流系数相对小,取 3~5 个;根据气象预报确定洪水期间降水量 M(人工预报和洪水系统预报的洪水持续时间一致)。

(2)根据 $V_入 = SMP + V_剩$ 计算入库径流($V_入$ 为入库径流;S 为集雨面积;M 为降水量;P 为径流系数;$V_剩$ 为前期未入库水量,当前期有明显降水量时,应根据前期降水量计算出入库径流,计算出剩余径流 $V_剩$,当前期无明显降水量时,$V_剩$ 可以忽略不计)。

(3)根据 $V_终 = V_起 + V_入 - V_出$ 计算洪水后的水库库容($V_终$ 为洪水后的库容;$V_起$ 为洪水起始库容;$V_出$ 为出库水量)。

(4)根据水位库容对照表,得出 $V_终$ 所对应的库水位。

(5)根据不同的径流系数分别计算出不同的洪水后库水位。

(6)记录人工洪水预报计算出的洪水总量、最高库水位。

(四)工作记录

洪水预报成果记录表见表 4-1。

表 4-1　洪水预报成果记录表

一、预报基本参数

预报时间			预报时段	当时库水位	预报时段雨量	前 3 d 降水量	即时入库流量
月	日	时	h	m	mm	mm	m³/s
系统预报成果							
人工预报成果							

二、预报过程及成果

	特征值			
系统预报成果	洪峰流量/(m³/s)	洪峰时间	洪水总量/万 m³	
人工预报成果	最高库水位/m	洪峰流量/(m³/s)	洪峰时间	洪水总量/万 m³
预报整合成果	最高库水位/m		洪水总量/万 m³	

审核意见：

预报员（签名）：　　　　　　　　　　　审核人（签名）：

第三节 泄水预警

一、工作内容

编制《陡山水库泄水预警方案》,方案应包括预警区域、对象、预警时间、方式等,在泄水时根据《陡山水库泄水预警方案》工作流程开展预警工作。

二、工作程序

(1)根据上级调度指令的相关要求,明确泄(停)水时间、泄水流量。

(2)根据泄水预警方案,确定预警范围、预警对象。

(3)预警工作实施;

(4)预警工作确认;

(5)报告预警工作情况。

三、工作要求

(1)根据上级调度指令的相关要求,明确泄(停)水时间、放水流量。

(2)根据泄水预警方案,确定预警范围、预警对象。

(3)预警工作实施:

①在泄水前 1 h,对消力池、泄洪道、管理区范围内下游河道进行巡查;在预警警报拉响后,对上述区域再次进行巡逻,当遇到问题无法解决且情况紧急时,及时上报县防汛办。

②在泄水前 30 min 启动预警警报,鸣 30 s,停 5 s,重复 3 次。预警警报结束后,应加强巡逻,当确认下游无影响行洪安全的情况时,方可开闸泄水。

(4)做好预警记录。将预警警报、巡查巡逻工作情况进行记录,并签名,不得代签、补签。

(5)预警工作确认:泄水预警工作完成后,采用电话方式,反馈至运行负责岗,由运行负责岗将泄水预警工作完成情况反馈至机电设备管理岗。

四、工作记录

填写泄水预警记录单,并上传至标准化管理平台。泄水预警记录单样式见表4-2。

表 4-2　泄水预警记录单

预警编号				年　　号
操作事由		工作票编号:　　　　　　　　　　　　年　　号		
		□上级防汛指令(指令编号:　　　　　); □检修; □其他		
放水预警	警报预警	预警时间		月　　日　　时　　分
		预警区域		□下游河道至××
		预警方式		□喊话器　　□预警警报
下游巡查	消力池		□正常　　□异常	
	泄洪渠		□正常　　□异常	
	下游河道		□正常　　□异常	
	巡查情况:			
预警反馈	巡查人:		巡查时间:	
	运行负责人(签名):		时间:　　　　月　　日	

第四节　防洪调度(闸门操作)指令拟定

一、工作内容

拟定水库调度及闸门、柴油发电机等设备的操作指令,确定泄洪期间巡查人员。

二、工作流程

(1)拟定防洪调度(闸门操作)指令单;
(2)防洪调度(闸门操作)指令单报签;
(3)防洪调度(闸门操作)指令单相关人员签收。

三、工作要求

(一)指令拟定

1.溢洪闸进口工作闸门操作指令拟定

(1)依据市防办调度通知单拟定指令。

(2)根据指令单的泄水流量要求转换为闸门开度。闸门开启类型根据流量确定。闸门开启高度根据溢洪闸工作闸门与泄流对应关系查算。

(3)闸门关闭内容根据防办调度令填写。

(4)将指令编号、泄水时间、闸门开启情况填写至指令单上。

2.溢洪闸检修闸门操作指令拟定

(1)为检修溢洪闸工作闸门而进行的关闭工作,应根据具体检修时间填闸门操作指令单。

(2)闸门开启工作,应根据下游闸门检修情况、事故处理情况填闸门操作指令单及时间。

(3)当因事故而关闭时,应在闸门关闭后补填闸门操作指令单及真实关闭时间。

3.柴油发电机负荷运行指令拟定

(1)为汛前检查、年度检查及特别检查而进行试运行工作,应根据具体检查时间填操作指令单。

(2)因应急需要而进行的操作,应先进行开启操作后,补填操作指令单及真实开启时间与关闭时间。

(二)指令报签

将拟定的防洪调度(闸门操作)指令单经调度运行管理负责岗初审后,先报单位分管负责岗审核,然后报管理处负责人签发。

(三)指令下达

(1)将管理处签发的防洪调度(闸门操作)指令,交设备运行管理负责岗签收。

(2)设备运行管理负责岗接收指令单后,拟定防洪调度(闸门操作)工作票,下达至运维单位的运行负责岗。

（3）运行负责岗收到工作票后，安排泄水预警、操作前检查、闸门操作以及泄洪期检查等工作。

四、工作记录

根据调度令拟定指令单。

陇山水库闸门操作指令单如表4-3所示。

表4-3 陇山水库闸门操作指令单

指令编号	年 号		
操作事由	□上级防汛指令（指令编号： ）； □检修； □其他		
操作指令	□开启指令		□关闭指令
	时间： 月 日 时 分		□时间： 月 日 时 分 □库水位： m
操作对象	□溢洪闸工作闸门		□开启 □关闭 1# m，流量 m³/s； 2# m，流量 m³/s； 3# m，流量 m³/s； 4# m，流量 m³/s； 5# m，流量 m³/s
	□放水洞闸门		□开启 □关闭 m，流量 m³/s
	□引水隧洞闸门		□开启 □关闭 m，流量 m³/s
	□柴油发电机负荷运行	开启： 月 日 时 分	关闭： 月 日 时 分
指令拟定	拟定人（签名）：	年 月 日	
指令初审	初审人（签名）：	年 月 日	
指令审核	审核人（签名）：	年 月 日	
指令签发	签发人（签名）：	年 月 日	
指令接收	接收人（签名）：	年 月 日	

注：本表一式三份，分别由防汛科、工程管理科、办公室存档保存。

第五节 防洪调度(闸门操作)指令成果审核

一、工作内容

审核防洪调度(闸门操作)指令拟定成果。

二、工作流程及要求

(1)审核防洪调度(闸门操作)指令单内容填写是否完整。
(2)审核防洪调度(闸门操作)指令单填写内容是否符合上级指令要求。
(3)提出审核意见,并确认修改情况。

三、防洪调度(闸门操作)工作票拟定及下发

(一)工作内容

接收防洪调度(闸门操作)指令单后拟定相应工作票,并下发至运维单位运行负责岗处。

(二)工作流程

(1)接收防洪调度(闸门操作)指令单;
(2)根据指令单信息,拟定防洪调度(闸门操作)工作票;
(3)将工作票下达至运行维护单位的项目负责岗处。

四、工作要求

运行负责岗收到工作票后,安排泄水预警、操作前检查、闸门操作以及泄洪期检查等工作。

五、工作记录

根据指令单拟定工作票。
陡山水库闸门操作工作票如表4-4所示。

表 4-4 陡山水库闸门操作工作票

操作票编号：　　　　　　　　　　　　　　　　　　日期：　年　月　日

操作指令	指令编号：	日期：　年　月　日
	闸门开启(关闭)高度：　m至　m	开启时间：　时　分
		库水位：　m
操作前检查	上游水面检查情况(进口水流、水面情况)	□正常　□异常
	闸门行程检查情况	□正常　□异常
	启闭设备检查情况(启闭机、电气设备)	□正常　□异常
	下游出口检查情况(出口水流)	□正常　□异常
下游河道检查	检查人员：	
	检查时间：	
闸门操作	开启(关闭)闸门	闸门
	操作开始时间	时　分
	操作结束时间	时　分
	开启(关闭)高度/m	
闸门开启后检查	上游水面检查情况(进口水流、水面情况)	□正常　□异常
	启闭设备检查情况(启闭机、电气设备)	□正常　□异常
	下游出口检查情况(出口水流)	□正常　□异常
观察人员(签名)：		
操作人员(签名)：		监护人员(签名)：
操作反馈	运行负责人：	时间：　时　分

注:本表一式三份,分别由防汛科、工程管理科、办公室存档保存。

第六节　防洪调度实施

一、工作内容

水库实时防洪调度方案应与临沂市防办协商确定,实施泄洪操作前应开展泄水预警、操作前检查工作。水库调度应严格执行临沂市防办的调度指令,管理处向临沂市防办提交实时调度方案,得到批准后方可实施。

二、工作流程

(1)指令接收和传达;
(2)闸门启闭机操作;
(3)情况报告;
(4)记录;
(5)编制报告;
(6)针对部分工作提出质量标准或要求。
陡山水库防洪调度流程如图 4-1 所示。

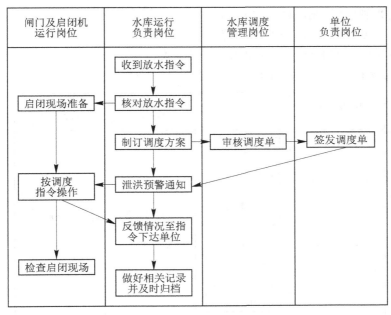

图 4-1　陡山水库防洪调度流程

三、工作要求

若发现调度指令与批准的控制运用计划不一致,应根据实际情况提出书面意见(特殊情况下可采用录音、电话或口头上报,事后须及时补办书面材料),但不影响该调度指令的执行。

闸门等设备操作完成后,应向临沂市防办书面报告闸门操作运行等情况。

调度指令、操作指令(操作票)等信息应采用书面材料并定期归档。特殊情况采用录音、电话或口头下达时,事后须及时补办书面材料。

四、工作记录

资料整理,编制洪水调度报告并上报;资料归档,将调度信息在标准化平台中录入。

第七节 兴利调度

陡山水库兴利调度分供水调度、灌溉调度、生态调度等。兴利调度计划年初编制,按月或季度修正,年终总结。

一、工作内容

拟定兴利调度及闸门等设备的操作指令,确定调度期间巡查人员。

二、工作流程

(1)拟定兴利调度(闸门操作)指令单;

(2)兴利调度(闸门操作)指令单报签;

(3)兴利调度(闸门操作)指令单相关人员签收。

陡山水库兴利调度流程如图 4-2 所示。

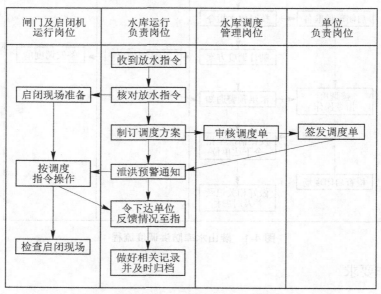

图 4-2 陡山水库兴利调度流程

三、工作要求

(一)指令拟定

1.放水洞进口工作闸门的操作指令拟定

(1)依据上级调度通知单拟定指令。

(2)根据指令单的兴利流量要求转换为闸门开度。闸门开启类型根据流量确定。闸门开启高度根据放水洞的工作闸门开度与流量对应关系查算。

(3)根据指令单,将指令编号、闸门开度、供水时间填写至操作单上。

2.放水洞进口检修闸门操作指令拟定

(1)检修闸门进行启闭工作,应根据具体检修时间填闸门操作指令单。

(2)闸门开启工作,应根据下游检修情况、事故处理情况填闸门操作指令单及时间。

(3)因事故而关闭,应在闸门关闭后补填闸门操作指令单及真实关闭时间。

3.柴油发电机负荷运行指令拟定

(1)为汛前检查、年度检查及特别检查而进行试运行工作,应根据具体检查时间填操作指令单。

(2)因应急需要而进行的工作,应先进行开启操作后,再补填操作指令单及真实开启时间与关闭时间。

(二)指令报签

将拟定的兴利调度(闸门操作)指令单经水库运行负责岗位调度运行管理负责岗初审后,先报单位分管负责岗审核,然后报管理处负责人签发。

(三)指令下达

将管理处签发的兴利调度(闸门操作)指令,交闸门及启闭机运行岗签收。

闸门及启闭机运行岗位接收指令单后,按照指令内容安排操作前检查、闸门操作等工作。

(四)工作记录

对兴利调度指令等内容进行记录。

兴利调度(闸门操作)指令单见表4-5。

表4-5 兴利调度(闸门操作)指令单

指令编号	年 号							
操作事由	□上级防汛指令(指令编号：); □检修； □其他							
操作指令	操作对象	□开启指令			□关闭指令			
		月	日	时 分	月	日	时	分
	放水洞进口 工作闸门							
	放水洞进口 检修闸门							
	柴油发电机 负荷运行	开启： 月 日 时 分			关闭： 月 日 时				分
指令拟定	拟定人(签名)：						月	日
指令初审	初审人(签名)：						月	日
指令审核	审核人(签名)：						月	日
指令签发	签发人(签名)：						月	日
指令接收	接收人(签名)：						月	日

注:本表一式三份,分别由防汛科、工程管理科、办公室存档保存。

第五章　巡视检查与安全监测

第一节　巡视检查

巡视检查应根据工程的具体情况和特点,制定切实可行的巡视检查制度。陡山水库管理处根据《土石坝养护修理规程》(SL 210—2015)、《混凝土坝养护修理规程》(SL 230—2015)、《水闸技术管理规程》(SL 75—2014)结合管理枢纽实际情况,确定检查项目、内容和频次,制订详细的检查方案,并经工程技术负责人审批后执行。

《山东省水利工程运行管理规程(试点)》(鲁水运管函字〔2020〕8 号)规定:巡视检查分为日常巡视检查、年度巡视检查和特别巡视检查三类。从施工期开始至运行期,均应进行巡视检查。

(1)日常巡视检查:管理单位应根据水库工程的具体情况和特点,具体规定检查的时间、部位、内容和要求,确定巡回检查路线和检查顺序。

检查次数应符合下列要求:

①施工期,宜每周 2 次,或每月不少于 4 次;

②初蓄水期或水位上升期,宜每天或每 2 天 1 次,具体次数视水位上升或下降速度而定;

③运行期,宜每周 1 次,或每月不少于 2 次,汛期、高水位及出现影响工程安全运行情况时,应增加次数,每天至少 1 次。

(2)年度巡视检查:每年汛前、汛后、用水期前后和冰冻严重时,应对水库工程进行全面或专门的检查,一般每年不少于 2~3 次。

(3)特别巡视检查:当水库遭遇到强降雨、大洪水、有感地震,以及库水位骤升骤降或持续高水位等情况,发生比较严重的破坏现象或出现危险迹象时,应组织特别检查,必要时进行连续监视。水库放空时应进行全面巡查。

一、日常巡视检查

(一)巡视检查内容

日常巡视检查包含大坝、溢洪闸、放水洞和库区巡视检查 4 部分。

(1)大坝日常巡视检查包括巡视检查大坝坝体、坝趾、坝端、坝端岸坡、坝区雨量站等。

①大坝护坡、防浪墙是否有裂缝、损伤,面板、防浪墙伸缩缝是否正常,坝顶公路是否有裂缝、拱起、塌陷,背水坡是否渗水、拱起、塌陷;坝体观测墩等是否完好,校核点、工作点标志是否清楚、破损;坝顶照明是否正常。

②大坝背水坡排水沟是否完好通畅,有无损坏,沟内有无垃圾、泥沙淤积或长草等情况。

③坝趾区有无异常变形或破坏现象,有无异常渗水现象。坝端岸坡、库岸有无塌滑迹

象,有无块石掉落。

④二级坝坝顶路面是否有裂缝、拱起、塌陷,坝体是否有渗流,两侧山坡岩体是否稳定,坡面有无松动、掉块情况,工作点、校核点标识是否生锈、破损。

⑤上坝公路与库区道路路面是否完好、排水沟是否畅通、山坡有无滑坡现象等。

⑥水尺是否锈蚀,刻度是否清晰。

⑦坝区雨量站设备是否正常。

(2)溢洪闸日常巡视检查包括巡视检查进水口边坡、工作闸门启闭机的外观结构、出水口及边坡、泄洪渠、检修闸门启闭机及电气设备、工作闸门启闭机及电气设备,以及启闭机房等。

①进水口及边坡坡面整体是否稳定。

②出水口及边坡坡面整体是否稳定。

③出水口在泄洪期水流形态是否正常,闸门关闭后是否有异常出水。

④消力池总体结构是否完整,有无破损、杂物堆积等现象,边墙结构是否稳定。

⑤启闭机等机电设备表面是否整洁,是否存在锈蚀等情况;电源开关是否处于正确位置;启闭机有无漏油、地面有无油污。

⑥各闸门门体等金属构件是否存在严重锈蚀、异常变形等现象。

⑦备用电源外观是否存在异常漏油情况,机油量是否正常,蓄电池接触是否完好,是否存在液体渗出等现象;柴油箱是否存在渗漏情况。

⑧电气屏柜数字显示是否正常;电源切换按钮是否指向正确位置,相关指示灯是否亮起。

⑨启闭机房屋顶、墙壁有无渗水、裂缝等情况,室内是否整洁、照明是否良好、门窗是否完好。

⑩附近是否存在垃圾堆积情况。

(3)放水洞日常巡视检查包括巡视检查进水口岸坡及护坡、排架结构、闸门及启闭机、拦污栅等。

①进水口建筑整体有无倾斜或不均匀沉降;梁、板、柱等排架结构有无裂缝和异常变形。

②进水口岸坡整体是否稳定;护坡坡面是否平整,有无破损情况。

③启闭机房有无雨水渗漏、是否整洁,照明是否良好、门窗是否完好。

④启闭机等机电设备表面是否整洁,是否存在锈蚀等情况;电源开关是否处于正确位置;启闭机有无漏油、地面有无油污;开度指示器是否清晰、准确;钢丝绳润滑状况是否良好,有无锈蚀、断丝等现象;制动装置是否完好。

⑤各闸门门体等金属构件是否存在严重锈蚀、异常变形等现象。

⑥附近是否存在垃圾堆积现象。

(4)库区日常巡视检查工作为辅助进行水事行为检查,维护正常的水事秩序,对公民、法人或其他组织违反法律法规的行为向管理处报告。陡山水库为备用水源,应注意水源保护,巡视检查的主要水事行为包括以下几个方面:

①未经上级水行政主管部门批准在库区内修建各种建筑物的。

②在库区内弃置或堆放废弃物,阻碍渠道输水、泄洪的。

③损坏或破坏各项水工程的。

④在库区范围内挖土、掘井和进行爆破活动的。

⑤未经批准,擅自在库区内取水的。

⑥在库区内游泳、钓鱼的。

⑦使用化肥和高浓度、高残留农药的。

⑧停泊与保护水源无关的船舶的。

⑨水法律、法规、规章规定的其他水事违法行为,以及其他可能污染水源的活动。

(二)巡视检查流程

陡山水库巡视检查流程如图 5-1 所示。

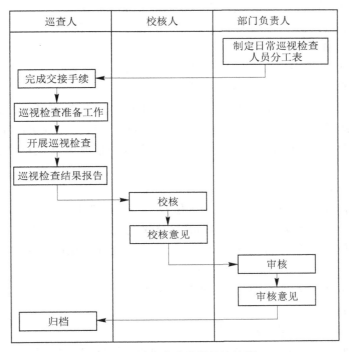

图 5-1 陡山水库巡视检查流程

(三)巡视检查要求

1.巡视检查方法

日常巡视检查一般为 2 人,通常用眼看、耳听、手摸、脚踩等直观方法或辅以锤、钎、钢卷尺等简单工具对工程表面和异常现象进行检查、量测等。

(1)常规方法:用眼看、耳听、手摸、脚踩等直观方法,或辅以锤、钎、钢卷尺、放大镜、石蕊试纸等简单工具对工程表面和异常部位进行检查。

(2)特殊方法:采用开挖探坑(槽)探井,钻孔取样,放置孔内电视,向孔内注水试验,投放化学试剂,潜水员探摸,水下电视、水下摄影、录像等方法,对工程内部、水下部位或坝基进行检查。

2.巡视检查工作要求

（1）及时发现不正常迹象，分析原因、采取措施，防止事故发生，保证工程安全。

（2）日常巡视检查应由熟悉水库工程情况的管理人员参加，人员应相对稳定，检查时应带好必要的辅助工具、照相设备和记录笔、记录簿。

（3）年度巡视检查和特别巡视检查，应制订详细检查计划并做好如下准备工作：

①安排好水情调度，为检查输水、泄水建筑物或水下检查创造条件；

②做好检查所需电力安排，为检查工作提供必要的动力和照明；

③排干检查部位的积水，清除堆积物；

④安装好被检查部位的临时通道，便于检查人员行动；

⑤采取安全防范措施，确保工程、设备及人身安全；

⑥准备好工具、设备、车辆或船只，以及量测、记录、绘草图、照相、录像等器具。

3.巡视检查准备

根据检查工作需要，选择携带以下工具，主要包括：

（1）记录工具：下载有巡视检查 APP 的手机。

（2）检查工具：根据上次巡视检查中发现的问题，选择性携带锤、钎、钢卷尺；如有护坡松动等，可带锤、钎进一步探明；有裂缝等异常点需测量尺寸、位置的，可带钢卷尺测量。

（3）安全工具：通信工具、救生衣、照明工具（天气阴暗或黑夜）、草帽、雨衣、雨鞋（阴雨天）等。

4.巡视检查频次

（1）当库水位在 125.00 m（汛期限制水位）以下时，每 7 d（一周）至少巡视检查一次；

（2）当库水位在 125.00 m 至 126.06 m（允许壅高水位）时，每天至少巡视检查一次；

（3）当库水位在 126.06 m（允许壅高水位）至 127.38 m（警戒水位）时，每天巡视检查不少于四次；

（4）当库水位在 127.38 m 以上时，每 2 h 巡视检查一次。

5.现场巡视检查要求

现场巡视检查分为 3 条线路。

线路 1：大坝右端绕背水坡→排水体→上背水坡戗台（自左而右）→上坝顶→大坝左端→沿迎水坡水岸线→大坝右端→水库管理处。

线路 2：左岸桥头堡→启闭机房→右岸桥头堡→溢洪闸右岸泄水段→交通桥→左岸泄水段→交通桥左岸→溢洪道与大坝连接段→溢洪闸左岸裹头→检修桥→左岸桥头堡。

线路 3：管理处→水库西岸→二级坝→水库北岸→一号桥→景区环湖路→大址坊村西→红运会场→水库南岸→大坝管理处。

巡视检查时按巡视检查线路、巡视检查点的具体要求开展巡视检查工作，上次巡视检查中发现的问题、启闭机、闸门、大坝坝坡等为重点检查部位。

巡视检查后应及时做好巡视检查记录并签字，不得补签、代签。每次的巡视检查结果应报运行负责岗审核，确认无误后，由运行负责岗报至工程设施管理岗。

6.巡视检查记录

每次检查应按巡视检查表内容详细填写，当需要特别说明时，应另加附件说明，检查人员均应签名。检查应与上次检查成果进行比对,检查中发现的问题及时汇报科室负责人并详细记录(见表5-1)。

表 5-1　陡山水库日常巡视检查记录表

检查时间	月　　日	水位	m	天气	□晴　□阴　□雨
上次巡视检查存在缺陷					
检查内容与情况					
大坝 (坝顶、 防浪墙、 上游坝坡、 下游坝坡)	裂缝: 无□　有□	塌坑: 无□　有□	凹陷: 无□　有□	隆起: 无□　有□	
	渗漏:无□　有□		坝坡植物滋生:无□　有□		
	滑坡迹象: 无□　有□		排水与导渗设施淤堵: 无□　有□		
	其他(如漏水声等):无□　有□				
坝趾区	渗水、积水: 无□　有□		植物滋生: 无□　有□		
	凹陷: 无□　有□	隆起: 无□　有□		塌坑: 无□　有□	
	量水堰水质是否清澈: 是□　否□		其他		
坝区雨量站	隔离设施是否完好: 是□　否□		设备是否完好: 是□　否□		
溢洪闸 土建、 启闭机房	管理范围有无违章活动: 无□　有□		漂浮物: 无□　有□		
	闸室混凝土结构破损、裂缝: 无□　有□		铺盖沉陷、裂缝: 无□　有□		
	消能设施磨损、冲蚀: 无□　有□		河床、岸坡冲刷、淤积: 无□　有□		
	岸墙、翼墙分缝错动: 无□　有□		止水堵塞、岸坡坍塌、错动: 无□　有□		
	坝顶塌陷、裂缝: 无□　有□		背水坡、堤脚渗漏、破坏: 无□　有□		

续表 5-1

输水洞土建、启闭机房	引水段有无堵塞、淤积、崩塌： 无□ 有□	进水塔有无裂缝、渗水和空蚀： 无□ 有□
	洞（管）壁有无裂缝、空蚀、渗水： 无□ 有□	洞身有无断裂、损坏和渗漏： 无□ 有□
	消能工有无冲刷或砂石： 无□ 有□	消能工有无杂物堆积： 无□ 有□
	工作桥是否不均匀沉陷： 是□ 否□	工作桥有无裂缝、断裂： 无□ 有□
	其他：	
水质监测站	栈道有无破损、断裂： 无□ 有□	建筑结构有无倾斜、裂缝： 无□ 有□
	其他：	
金属结构及启闭设施	有无严重锈蚀现象： 无□ 有□	启闭设施操作是否灵活： 是□ 否□
	电气设备及备用电源是否完好： 是□ 否□	其他：
近坝水面	有无冒泡、漩涡等： 是□ 否□	水质有无出现浑浊： 无□ 有□
码头	有无破损、断裂： 无□ 有□	设施是否正常： 是□ 否□
监测设施	保护设施是否完好： 是□ 否□	能否正常观测： 能□ 不能□
坝下水文站	建筑物有无破损： 无□ 有□	设施设备是否完好： 是□ 否□
箱式变压器	隔离设施是否完好： 是□ 否□	设备是否完好： 是□ 否□
	其他：	
管理设施	隔离设施是否完好： 是□ 否□	标识标牌是否清晰、完整： 是□ 否□
	上坝道路是否通畅： 是□ 否□	

续表 5-1

巡视检查记录				
巡视检查人(签名)		时间	月	日
运维单位 审核意见				
审核人(签名)		时间	月	日
管理单位意见				
负责人(签名)		时间	月	日

说明:日常巡视检查记录中,"运维单位审核意见"需每次填写;"管理单位意见"按照事项相关规定填写。

二、年度巡视检查

(一)工作内容

组织汛前检查和汛后检查,并形成年度(汛前、汛后)检查报告。

1.检查范围

防浪墙、坝顶、坝坡、坝趾、防汛道路、各水工建筑物、大坝安全监测设施及附属设施。

2.检查内容

(1)对各工程设施、结构进行详细检查,对其安全情况及保洁情况进行检查;

(2)对大坝安全监测设施进行详细检查;

(3)对上一年度发现问题的整改情况进行检查;

(4)对附属设施进行详细检查。

(二)工作流程及要求

(1)按照制订好的检查路线进行逐项检查。

(2)对由经常检查发现问题后提出的定期检查项目应着重检查。

(3)检查内容应逐项进行记录。

(4)对检查中发现的问题提出处理意见,并及时处理。

(5)对影响安全度汛而又无法在汛前解决的问题,另行制订度汛应急方案。

(6)汛前检查工作应于 6 月 1 日之前完成,汛后检查工作应于 10 月底前完成。

(三)成果记录

完成陡山水库年度巡视检查记录表,形成汛前检查记录,整理归档。

陡山水库年度巡视检查记录表如表 5-2 所示。

表 5-2　陡山水库年度巡视检查记录表

检查时间	年　　月　　日	水位		m	天气	晴□　阴□　雨□

检查内容与情况			

防浪墙	开裂： 无□　有□	错断： 无□　有□	倾斜： 无□　有□
坝顶	裂缝： 无□　有□	凹陷： 无□　有□	积水或植物滋生： 无□　有□

上游坝坡	裂缝： 无□　有□	塌坑： 无□　有□	凹陷： 无□　有□	隆起： 无□　有□
	护坡： 完整□　破坏□	植物滋生： 无□　有□	其他：	

下游坝坡	裂缝： 无□　有□	塌坑、凹陷： 无□　有□	隆起： 无□　有□
	异常渗水： 无□　有□	滑坡迹象： 无□　有□	白蚁迹象： 无□　有□
	动物洞穴：无□　有□	排水沟： 完整□　破损□	其他（如漏水声等）：

坝趾区	阴湿、渗水： 无□　有□	冒水、渗水坑： 无□　有□	集水井水浑浊度： 清□　浊□
	植物滋生： 无□　有□	其他：	

两坝端 （坝体与岸 坡连接处）	裂缝： 无□　有□	隆起： 无□　有□	错动： 无□　有□
	岸坡滑动迹象： 无□　有□	白蚁迹象： 无□　有□	动物洞穴： 无□　有□
	渗水现象：无□　有□	其他：	

续表 5-2

泄洪洞进口启闭机房	进口水面异常: 无□　有□	漂浮物: 无□　有□	
	岸坡危岩崩塌: 无□　有□	建筑结构裂缝: 无□　有□	
	其他:		
输水隧洞进水口启闭机房	漂浮物: 无□　有□	岸坡危岩崩塌: 无□　有□	
	建筑结构裂缝: 无□　有□		
	其他:		
泄洪洞出口启闭机房	山体危岩崩塌: 无□　有□	建筑结构裂缝: 无□　有□	
	消力池挡墙破损: 无□　有□	闸门漏水: 无□　有□	
	溢洪道:	其他:	
水质监测站	栈道破损、断裂: 无□　有□	建筑结构倾斜、裂缝: 无□　有□	
	相关设施完好: 是□　否□	其他:	
库岸道路边坡	道路破坏: 无□　有□	边坡塌方: 无□　有□	
近坝水面	冒泡、漩涡等: 无□　有□	其他:	
库区	侵占水域: 无□　有□	倾倒垃圾: 无□　有□	
副坝	裂缝: 无□　有□	塌坑: 无□　有□	凹陷: 无□　有□　　隆起: 无□　有□
安全监测	保护设施完好: 是□　否□	正常观测: 能□　不能□	
监测资料整编	监测资料整编: 是□　否□	测值异常现象: 无□　有□	

续表 5-2

管理设施	管理房完好： 是□ 否□	标识标牌清晰、完整： 是□ 否□
	隔离设施完好： 是□ 否□	坝区通信状况良好： 是□ 否□
	上坝道路通畅： 是□ 否□	其他：
维修养护专项 执行情况		
存在问题		
处理建议		
管理单位 主要负责人 （签名）：		检查人员 （签名）：

三、汛前机电金属结构设备检查

（一）工作内容

1.检查范围

闸门、启闭机、电气设备、电路电源、备用电源、信息化系统及附属设施。

2.检查内容

（1）闸门和启闭机的保养、维护和试运行情况；

（2）供电线路、电气设备的安全状态，备用电源的保养维护和试运行情况；

（3）重要备品备件、备用电源燃料的储备情况；

（4）对上一年度发现问题的整改情况进行检查。

（二）工作流程及要求

（1）按照制订好的检查路线进行逐项检查。

（2）对由经常检查发现问题后提出的定期检查项目应着重检查。

（3）检查内容应逐项进行记录。

（4）对检查中发现的问题应提出处理意见，并及时处理。

（5）对影响安全度汛而又无法在汛前解决的问题，另行制订度汛应急方案。

（6）检查工作应于每年 6 月 1 日之前完成。

（三）成果记录

完成汛前机电金属结构设备检查记录表，形成汛前检查记录，整理归档。

陡山水库汛前机电金属结构设备检查表如表 5-3 所示。

表 5-3　陡山水库汛前机电金属结构设备检查表

检查时间	月　　　日		水位	m	天气		晴□　阴□　雨□	
检查内容与情况								
闸门试运行	闸门名称				开启高度(cm)			
	启闭时间				操作人员			
	备用电源带负荷运行情况：							
金属结构	有无漏水： 无□　有□				止水是否完好： 是□　否□			
	锈蚀情况： 无□一般□严重□				保养情况：			
	备注：							
电气设施	线路是否接通： 是□　否□				设施是否完好： 是□　否□			
	备用电源是否完好： 是□　否□							
	备注：							
年度检查问题处理								
是否可以正常度汛								
存在问题								
处理建议								
管理单位主要负责人(签名)								

四、年度巡视检查报告编制

(一)工作内容

汇总各科室年度巡视检查记录,完成年度巡视检查报告。

(二)工作流程及要求

(1)汇总各科室巡视检查记录,巡视检查中存在问题的,追踪问题整改情况;

(2)完成年度巡视检查报告;

(3)负责科室校审后,送技术负责人审核。

12月30日之前,完成年度巡视检查报告,并上报至县水利局。

(三)成果记录

编制年度巡视检查报告,上报至县水利局。

五、特别巡视检查

(一)提出特别巡视检查建议

1.工作内容

当工程遇到可能严重影响安全运用的情况(如大暴雨、50年一遇的洪水、台风过境、有感地震、水位骤升骤降或持续高水位等)、工程发生较严重的破坏现象或其他危险情况时,向单位技术负责人提出特别巡视检查建议。

2.工作流程

(1)工程管理科负责核实特别巡视检查发生条件。

(2)安全监测岗起草下发特别巡视检查指令、巡视检查时间,明确巡视检查内容。

(3)报送单位负责人审核特别巡视检查令。

3.工作要求

(1)当工程遇到可能严重影响安全运用的情况(如大暴雨、50年一遇的洪水、台风过境、有感地震、水位骤升骤降或持续高水位等)、工程发生较严重的破坏现象或其他危险情况时,必须进行特别巡视检查。

(2)起草下发特别巡视检查工作指令,明确巡视检查开展形式。

(3)根据隐患和险情的不同性质,委托相应专业机构或科室进行专项巡视检查。

(4)委托相应专业机构或科室进行专项巡视检查的,要形成书面巡视检查报告。

4.成果记录

提交特别巡视检查工作指令(见表5-4)至单位负责人。

(二)组织实施特别巡视检查

1.工作内容

组织实施特别巡视检查。

2.工作流程

(1)巡视检查水工建筑物(启闭机房、大坝、坝顶、坝坡、泄洪渠等);

表 5-4　特别巡视检查工作指令

巡视检查时间		指令编号	
签发人(签名)			
巡视检查原因	□上级指令:文件(指令)编号: □特别工况: □大洪水(50年一遇以上洪水)；　□有感地震　□库水位骤降； □持续高水位(水位达　m,3 d以上)； □水库放空； □工程破坏现象或危险迹象(附文字说明):		
巡视检查内容			
责任科室		开展形式	□委托 □自行开展
责任人员及分工			
制表人(签名)		时间	
单位负责人 (签名)		时间	

(2)巡视检查机电设备(各闸门、启闭机、拦污栅、备用柴油发电机等)；

(3)巡视检查水文观测设施及大坝观测设施等；

(4)巡视检查视频监控系统、信息化平台等系统。

3.工作要求

(1)对出现险情部位或可能出现险情的部位进行连续监视、记录,并将有关情况上报主管科室。

(2)根据隐患和险情的不同性质,委托相应专业机构或科室进行专项巡视检查。

(3)委托相应专业机构或科室进行专项巡视检查的,要形成书面巡视检查报告。

(4)编写巡视检查报告,整理归档。

4.成果记录

将特别巡视检查报告归档。

第二节 安全监测

《山东省水利工程运行管理规程(试点)》(鲁水运管函字〔2020〕8号)规定:

工程监测采用的平面坐标及水准高程,应与设计、施工和运行诸阶段的控制网坐标系统相一致。有条件的工程应与国家网建立联系。

保持监测工作的系统性和连续性,按照规定的项目、测次和时间,在现场进行观测。要求做到"四随"(随观测、随记录、随计算、随校核)、"四无"(无缺测、无漏测、无不符合精度、无违时)、"四固定"(人员固定、设备固定、测次固定、时间固定),以提高观测精度和效率。

一、水文气象监测

水文气象监测项目有水位、降水量、气温、流量监测。

(一)工作内容

(1)检查水雨情测报系统运行情况;

(2)报送水雨情信息。

(二)工作流程

(1)检查水雨情测报系统运行情况;

(2)查询相关数据并进行记录;

(3)报送水雨情数据;

(4)检查报送情况。

(三)工作要求

1.水位观测

水位观测必须符合《水位观测标准》(GB/T 50138—2010)、《水位观测平台技术标准》(SL 384—2007)、《水文自动测报系统技术规范》(SL 61—2015)的要求。水位观测采用"无人值守,有人看管"方式管理。

(1)水位观测测点布置应符合下列要求:

①库水位观测点应设置在水面平稳、受风浪和泄流影响较小、便于安装设备和观测的地点或永久性建筑物上;

②输、泄水建筑物上游水位观测点应在建筑物堰前布设;

③下游水位观测点应布置在水流平顺、受泄流影响较小、便于安装设备和观测的地点,或与测流断面统一布置。

(2)观测设备:一般设置水尺或自记水位计。有条件时,可设遥测水位计或自动测报水位计。观测设备延伸测读高程应低于库死水位、高于校核洪水位。水尺零点高程每年应校测1次,有变化时应及时校测。水位计每年汛前应检验。

(3)观测要求:每天观测1次,汛期还应根据需要调整测次,开闸泄水前后应各增加观测1次。观测精度应达到1 cm。

陡山水库在放水洞竖井内设置一套自记水位计,在大坝0+250断面和溢洪闸进水口处分别设置人工观测水尺。

观测工作流程及要求如下：

①观测人员到达观测现场后，应察看水位台附近有无影响水位观读的障碍物，并确认水尺刻度是否清晰。

②穿戴好救生衣，靠近水尺，蹲下身体，消除折光、波浪、壅水等影响，观读正确的水尺读数，确认水尺编号、水尺零高并做好现场观测的水位记录；观察风力风向并做记录。

③当水尺水位与遥测水位不相符时，应进行及时调整，并且要确定终端机上的水位数据与水尺水位相一致。

④做好水位观测的台账记录。保持水位观测管理房室内干净整洁，离开时确认门窗上锁。

2.降水量观测

降水量观测应符合《降水量观测规范》（SL 21—2015）、《水文自动测报系统技术规范》（SL 61—2015）的要求。

（1）降水量观测测点布置：视水库集水面积确定，一般每 $20 \sim 50 \ km^2$ 设置一个观测点，或根据洪水预报需要布设。

（2）观测设备：一般采用雨量器。有条件时，可用自记雨量计、遥测雨量计或自动测报雨量计。

（3）观测方法和要求：定时观测以 8 时为日分界，从本日 8 时至次日 8 时的降雨量为本日的日降雨量；分段观测从 8 时开始，每隔一定时段（如 12 h、6 h、4 h、3 h、2 h 或 1 h）观测一次；当遇大暴雨时应增加测次。观测精度应达到 1 mm。

陡山水库降雨量观测点共设置 4 个自动雨量监测站：陡山自动雨量监测站、中楼自动雨量监测站、黄墩自动雨量监测站、文疃自动雨量监测站。全部采用自动测报雨量计进行降雨量观测，观测工作要求如下：

①观测人员应提前 10 min 到达观测场，检查雨量器是否有变形、漏水现象；8 时准点观测人工雨量或储水瓶（桶）内水量。

②遇大雨或暴雨天气，应加强观测次数，以防储水器溢出；遇降雪或降雹天气，应立即取去雨量器的漏斗和储水器，直接用储水筒承接降水物。

③对观测得到的数据、降水物标志做好现场记录，记录时要求字迹工整清楚，不得擦拭涂改。

④遇固态降水量观测，应按要求将固态物融化成液态后再测量或计算数值。

⑤统计日降水量值；做好人工观测雨量与遥测雨量、自动蒸发设备配套的自动雨量器的对比和分析，如发现三者之间存在较大误差，应立即查明原因并排除故障。

3.气温观测

由莒南县气象局提供。坝区设置一个气温测点。观测设备设在专用的百叶箱内，设直读式温度计、最高最低温度计或自记温度计。

4.出、入库流量观测

由临沂市水文局陡山水文站提供。

测点布置：出库流量在溢洪闸下游、放水洞出口处的平直段布设观测点。入库流量在主要汇水河道的入口处附近设置观测点。

观测设备：一般采用流速仪，有条件的可采用超声波测速仪。

（四）资料整编

（1）流量资料做到随测算、随整理、随点绘和随分析。检查是否合理，及时开展突出点分析，做好"一算二校"（测算一次，校核二次）工作。

（2）各整编项目做到日清月结，在次月 5 日前完成上月资料的"一算二校"，及时上机。

（3）如遇重大整编问题，须对其进行分析，做好分析成果登记。

（4）按时参加资料审查工作，做好单站合理性检查，编写单站整编说明，做到项目完整、图表齐全，资料可靠、方法正确，数字准确、符号无误。

（5）做好原始资料保存，资料移交必须当面清点，办好移交手续。

（五）成果记录

填写观测成果记录表，并进行数据整理归档。

二、变形监测

变形监测项目主要是水平位移观测和垂直位移观测。

（一）水平位移观测

1.工作内容

观测大坝坝体水平位移。

水平位移：向下游为正，向左岸为正；反之为负。

2.工作流程

（1）检查观测设备。

（2）现场观测记录。

（3）数据整理。

（4）数据比对。

（5）数据电子化。

3.工作要求

本工作事项由服务单位实施具体测量工作，安全监测岗负责管理监督及数据分析工作。

1）观测方法

水平位移观测，一般用视准线法。当采用视准线观测时，可用经纬仪或视准线仪。当视准线长度大于 500 m 时，应采用 J_1 级经纬仪。视准线的观测方法，可选用活动觇标法，宜在视准线两端各设固定测站，观测其靠近的位移测点的偏离值。

在工作基点 A（或 B）上架设全站仪，对中整平后，照准另一工作基点 B（或 A），构成视准线。司标测点布棱镜并由司镜人员进行观测，测出各位移标点偏离视准线的角度和距离，记入记录表内。司镜者用反镜测出各位移标点偏离视准线的角度和距离，记入记录表内，取两次半测回测值的平均值作为一测回的观测成果。依次测完各个标点位移量后，仪器移至工作基点 B（或 A），进行第二个测回观测，方法同前。

2) 观测频次

一般每月观测 1 次,高水位时按以下要求加密观测:库水位 125.00 m 以上,每 7 d 观测 1 次;库水位 126.06 m 以上,每 2 d 观测 1 次;库水位 127.38 m 以上,每天观测 1 次。

3) 掌握天气情况

提前一天了解查看天气状况,选择通视性好的晴天。夏季观测时,一般选择气温较低的早上。

4) 检查携带观测工具

(1) 观测设备为全站仪和棱镜。检查全站仪的外观情况,开机检查全站仪显示屏显示是否正常。检查棱镜外观、镜面是否存在破损,是否干净、整洁。

(2) 检查器具:内六角扳手、螺丝刀等。

(3) 观测记录本、记录铅笔。

(4) 通信工具。

5) 现场司镜观测

(1) 通视性检查:由司镜人员通过目视的方式,查看观测断面的通视情况。如遇视线遮挡的情况,通知司标人员进行处理。

(2) 司镜人员打开该观测断面一侧基点测点保护装置,对观测基点的完好性进行检查。

(3) 基点检查确认无异常后,司镜人员按《全站仪操作说明》要求架设全站仪。

(4) 待司标人员完成测点(基点)棱镜架设后,司镜人员按《全站仪操作说明》测量数据,并读报。

(5) 待记录人员记录测量数据后,通知司标人员拆卸棱镜,转下一观测点,直至正镜观测完成所有测点。

(6) 司镜人员转反镜,逐一观测所有测点。

6) 现场观测司标

(1) 大坝坝体水平位移观测时,设置观测棱镜。

(2) 按观测顺序要求,检查测点外观情况。

(3) 通视性检查:根据司镜人员指令,移除观测视线的遮挡物体。

(4) 利用螺丝刀打开该观测断面一侧基点测点保护装置,进行完好性检查。

(5) 基点检查确认无异常后,向司镜人员报告开展观测。如遇测点破坏,向司镜人员报告。

(6) 在基点上架设棱镜。

(7) 棱镜架设完成后,通报司镜人员开展观测。

(8) 等待观测、记录完成后,根据司镜人员指令,拆卸棱镜,转下一观测点。

7) 数据整理与分析

(1) 根据所观测数据的角度,测算位移量:利用弧长公式即可计算出位移量 d 偏离 AB 视准线的距离 L。

(2) 与上次观测成果进行比对,当某测点与上次测值之差超过 0.5 cm 时,应及时开展复测。

（3）观测数据校核后当日应将观测成果录入电子文档。

4.工作记录

按要求填写位移数据整理计算表。

水库大坝表面水平位移数据整理计算表如表5-5所示。

表5-5　水库大坝表面水平位移数据整理计算表

观测日期	测点编号	本次测值 /mm	上次观测值 /mm	与上次观测位移差 /mm
审核意见：				
整理人（签名）		审核人（签名）		

注：水平位移向下游为正,向上游为负。

（二）垂直位移观测

1.工作内容

观测大坝坝体垂直位移。

垂直位移:向下为正,向上为负。

2.工作流程

（1）检查观测设备。

（2）现场观测记录。

（3）数据整理。

（4）数据比对。

（5）数据电子化。

3.工作要求

本工作事项由服务单位实施具体测量工作,安全监测岗负责管理监督及数据分析工作。

1）观测方法

垂直位移观测,一般用水准法。当采用水准仪观测时,可参照《国家三、四等水准测量规范》(GB/T 12898—2009)方法进行,但闭合误差不得大于 $\pm 1.4\sqrt{N}$ mm（N 为测站数）。

（1）在工作基点 A(或 B)与标点 1 之间合适的位置架设水准仪,且粗略整平。司标人员布设标尺,调整垂直(标尺气泡居中)。先由司镜人员精确整平仪器后,进行前视、后视观察标尺红面、黑面读数,并记入记录表中。然后由司镜人员将仪器移至标点 1 与标点 2 之间进行下一次的观测,直至该断面最后一个工作标点 n 后,使用同样方法进行回测,完成工作基点 A 的往返闭合测量。

（2）在工作基点 B(或 A)与标点 n 之间合适位置架设水准仪,依次完成工作基点 B 的往返闭合测量。取两次测回的平均值作为该断面垂直位移的观测成果。

2）观测频次

一般每月观测 1 次,高水位时按以下要求加密观测:库水位 125.00 m 以上,每 7 d 观测 1 次;库水位 126.06 m 以上,每 2 d 观测 1 次;库水位 127.38 m 以上,每天观测 1 次。

3）掌握天气情况

提前一天了解查看天气状况,选择通视性好的晴天。夏季观测时,一般选择气温较低的早上。

4）检查携带观测工具

（1）观测设备为水准仪和标尺。检查水准仪的外观情况是否完好,检查标尺外观是否干净、整洁、存在破损等。

（2）检查器具:螺丝刀等。

（3）观测记录本、记录铅笔。

（4）通信工具。

5）现场司镜观测

（1）通视性检查:由司镜人员通过目视的方式,查看观测断面待测各相邻测点间的通视情况。如遇视线遮挡情况,通知司标人员进行处理,必要时可增加中间测点。

（2）司镜人员打开该观测断面基点测点保护装置,对观测基点的完好性进行检查。

（3）基点检查确认无异常后,由司镜人员按《水准仪操作说明》在两测点间合适的位置架设水准仪,并整平。

（4）待司标人员在测点布置好标尺后,司镜人员按《水准仪操作说明》测量数据,并读报。具体方法如下：

　　①照准后视尺黑面,精确整平,读取中丝读数。

　　②照准前视尺黑面,精确整平,读取中丝读数。

　　③照准前视尺红面,读取中丝读数。

　　④照准后视尺红面,再精平读取中丝读数。

　　(5)待记录人员完成数据的记录工作后,司镜人员将水准仪移至下一个测量位置,并通知司标人员准备下一次的测量工作。

　　(6)采用同样方法,直至完成该断面最后一个工作标点的观测后,返回测量完成一个工作基点的闭合测量。

　　(7)采用同样的方法,逐次完成该断面另外一个工作基点的闭合测量工作。

　　(8)采用同样方法完成其他断面的垂直位移观测工作。

　　6)现场观测司标

　　(1)按观测顺序要求,检查测点外观情况。

　　(2)检查携带标尺、内六角、螺丝刀、通信工具等。

　　(3)通视性检查:根据司镜人员指令,移除观测视线的遮挡物体。

　　(4)利用螺丝刀打开该观测断面一侧基点测点保护装置,进行完好性检查。

　　(5)基点检查确认无异常后,向司镜人员报告开展观测工作。如遇测点破坏,向司镜人员报告。

　　(6)在工作基点或测点上布设标尺。

　　(7)标尺布设完成后,通知司镜人员开展观测。

　　(8)等待观测、记录完成后,根据司镜人员指令,将标尺拆移至下一观测点。

　　7)数据整理与分析

　　(1)将所观测数据进行整理分析,其往返闭合差不得大于$\pm 0.72N$ mm(N为测站数)。

　　(2)观测过程中需符合国家三等水准测量相关要求:

　　①测量前、后视距不超过 75 m。

　　②前后视距不等差不超过 2 m。

　　③前后视距不等差累积值不超过 5 m。

　　④同一根尺黑红面读数差(K+黑−红)不超过 2 mm。

　　⑤同一站黑红面所测高差之差不超过 3 mm。

　　⑥视线离地面高度应超过 0.3 m。

　　(3)与上次观测成果进行比对,当某测点与上次测值之差超过 0.5 cm 时,应及时开展复测。

　　(4)观测数据校核后当日将观测成果录入电子文档。

　　4.工作记录

　　按要求填写位移数据整理计算表。

　　水库大坝表面垂直位移数据整理计算表如表5-6所示。

表 5-6　水库大坝表面垂直位移数据整理计算表

观测日期	测点编号	本次测值 /mm	上次观测值 /mm	与上次观测位移差 /mm
审核意见：				
整理人（签名）		审核人（签名）		

注：垂直位移向下为正，向上为负。

三、大坝渗流自动化监测

渗流监测项目主要有坝体渗流压力监测、坝基渗流压力监测。

（一）工作内容

（1）自动化监测终端检查。

（2）测控单元避雷器完好性检查。

（3）监测数据采集完整性检查。

（4）监测数据采集和比对。

（二）工作流程

（1）检查自动化测控单元箱外观是否完好，箱门是否锁好，外接电缆有无老化、破损。

（2）检查自动化测控单元避雷器外观是否完好。

（3）检查监测数据采集机是否正常开机运行。

（4）检查采集数据是否完整。

（5）检查采集到的数据是否及时导入监测数据信息管理软件。

（6）检查坝基的渗透压力、大坝渗流量、库水位、降雨量等是否正常，利用大坝自动化监测系统进行数据采集分析。

（7）记录检查分析成果。

（三）工作要求

1.自动化测控单元检查

每日 8 时前，检查自动化测控单元外观是否完好，箱门是否锁好，外接电缆有无老化、破损。每隔半个月时间，在检查外观后，采用万用表测试蓄电池电压，检测电压值是否为（12±0.5）V。

2.检查测控单元避雷器

检查避雷器外观、接地等是否完好。

3.测度频次

自动化监测数据一般每日采集 3 次。

4.数据采集与初步分析

（1）检查监测数据采集机：检查采集电脑主机及显示器是否正常运行。

（2）检查数据采集是否完整，微控制单元采集模块数据是否正常回收到数据库。

（3）每日 8 时 30 分前将监测数据导入软件数据库。通过查询信息管理软件，每个测点显示测值信息是否为当前测值，判断数据导入是否完整。

（4）每日 9 时前将各监测数据检查一遍，检查按下述要求进行。

将当次采集到的数据与上次采集数据对比，判断数据有无较大变化，如变化超 5%~10%，应进一步分析，将近一段时间（前 6 个月或前 12 个月）的观测数据绘制过程曲线，初步分析各测点测值变化趋势。

如判断数据为仪器采集的无效数据，报审核人审核后，则应在分析系统中将异常数据删除。如判断数据为水工建筑物异常所致，则应深入分析水工建筑物产生异常的原因。

（四）工作记录

每月月底进行监测数据备份。备份方式为从监测电脑主机的数据库拷贝至移动硬盘，拷贝完成后，逐一检查备份机的数据完整性并记录，由单位技术负责人签字后归档。次年 2 月底之前，按照相关要求进行数据整编、初步分析并归档。

大坝自动化监测数据检查及备份记录表如表 5-7 所示。

表 5-7　大坝自动化监测数据检查及备份记录表

项目	库水位 /m	降雨量 /mm	气温 /℃	坝基渗流 /mm	坝体渗流 /mm	检查人

注:1.数据正常时,在相应表格中打"√";判断出现异常时,在相应表格中说明。

　　2.数据备份后对移动硬盘中的数据进行检查,正常的在相应表格相应项目中打"√",异常的应立即处理。

四、水质监测及管理

(一) 工作内容

实时关注水质监测系统数据,监测水库内水质情况。

(二) 工作要求

陡山水库水质监测实行人工取样监测。监测指标拟包括 pH、水温、电导率、SS、DO、高锰酸盐指数、TP、TN、NH_3-N、石油类、挥发酚、叶绿素、蓝绿藻等,以监测流域水质状况和富营养化动态。

水质监测每半个月监测一次,数据录入陡山水库标准化管理平台。

如发现重大事故,应立即逐级向上级汇报。

(三) 工作记录

水质监测数据异常记录表如表 5-8 所示。

表 5-8　水质监测数据异常记录表

异常数据编号	
异常数据出现时间	年　　　月　　　日　　　时　　　分
异常数据读取值	
初步排查原因	设备原因□　　水质原因□　　其他□
处理意见： 责任人：　　　　　　时间：	
科室负责人意见： 责任人：　　　　　　时间：	
处理结果： 责任人：　　　　　　时间：	

五、监测资料年度整编分析

(一) 工作内容

(1) 将工程监测设施和仪器设备的考评资料整编成册,根据变动情况加以补充和修订。

(2) 收集监测整编时段内的监测资料、工程检查资料。

(3) 数据校对统计:按时序对各项观测资料进行列表统计和校对,分析各观测测点的变化规律。

(4) 绘制观测点的过程线和典型断面特征图,分析各观测测点的变化规律。

(5) 评价监测设施运行情况,并对工程运行的基本情况进行分析。

(6) 对影响工程运行的问题提出处理意见。

(二) 工作流程

(1) 工作人员按照整编时间、考证资料整编、监测资料收集、数据校对审查、数据统计分析、过程线绘制分析等相关工作内容编制分析成果初稿。

(2) 初步整编报告送科室负责人审核。

(3) 审核完成后,初步整编报告送技术负责人进行审定。

(4) 成果归档。

(三) 工作要求

1. 整编时间

每年 2 月前按《土石坝安全监测技术规范》(SL 551—2012)要求对上一年度的监测资料进行整编,提出初步分析意见,对大坝的安全运行状况做出安全评价。

2.考证资料整编

(1)监测设施考证资料应包括以下各项:

①安全监测系统设计、布置、埋设、竣工等概况;

②监测点的平面布置图,图中应标明各建筑物所有监测项目及设备的位置;

③监测点的纵横剖面布置图,图中应标明建筑物的轮廓尺寸、材料分区和必要的地质情况,剖面数量以能表明监测设施和测点的位置及高程;

④有关各水准基点、起测基点、工作基点、校核基点、监测点,以及各种监测设施的平面坐标、高程、结构、安设情况、设置日期和测读起始值、基准值等文字和数据考证表;

⑤各种仪器的型号、规格、主要附件、购置日期、生产厂家、仪器使用说明书、出厂合格证、出厂日期、购置日期、检验率定等资料;

⑥有关的数据采集仪表和电缆走线的考证或说明资料。

(2)初次整编时,按工程实设监测项目对各项考证资料进行全面收集、整理和审核。

(3)每年开展观测资料整编,当监测设施和仪器有变化时,如校测高程改变,设施和设备检验维修,设备或仪表损坏、失效、报废、停测,新增或改(扩)建等,均应重新填制或补充相应的考证图表,并注明变更原因、内容、时间等有关情况备查。

(4)每支(个、套、组)监测仪器设施均应分别填制考证图表。

3.监测资料收集

水库年度整编分析工作主要收集的资料为:

(1)环境量资料:年度内日降水量、日库水位;

(2)大坝坝体表面变形观测资料,包括水平位移和垂直沉降;

(3)胡家店副坝表面变形观测资料,包括水平位移和垂直沉降;

(4)输水隧洞道路边坡表面变形观测资料,包括水平位移和垂直沉降;

(5)工程巡视检查资料:大坝日常巡视检查成果、汛前巡视检查成果、年度巡视检查、特别巡视检查成果。

4.数据校对审查

对观测数据开展以下审查工作:

(1)完整性审查:检查年度内安全监测数据内容、项目、测次等是否齐全,对数据缺失部分进行说明;

(2)连续性审查:各项观测资料整编的时间与前次整编时间是否衔接,整编图所选工程部位、测点及坐标系统等与历次整编是否一致;

(3)合理性审查:各观测物理量的计(换)算和统计是否正确、合理,特征值数据有无遗漏、谬误,有关图件是否准确、清晰,以及工程性态变化是否符合一般规律等。

5.数据统计分析

(1)分类统计降水量、库水位、坝基的渗透压力、大坝渗流量等的月最大值和月最小值(含对应时间)、月变幅、周期、月平均值等,按监测类型编制表格。比较同类测点观测值的最大值、最小值、月变幅、平均值变化方面是否具有一致性、合理性,以及它们的重现性和稳定性等。

(2)分类统计各测点历年的最大值和最小值(含对应时间)、变幅、周期、年平均值及年变化率等,按监测类型编制表格。分析各观测量之间在数量变化方面是否具有一致性、合理性,以及它们的重现性和稳定性等。

6.过程线绘制分析

(1)绘制面板应力应变、面板垂直缝变形、周边缝变形、渗流观测资料、绕坝渗流等年度测值过程线。

①将相同观测断面(横断面、竖断面)绘制在同一图上,以便于分析相关测点间的规律性和异常性。

②将各测值与环境量(库水位、降水量)绘制在同一时间坐标轴的图上,以便于分析测值随时间、环境量变化的情况。

(2)绘制水平位移、沉降量历年过程线。过程线满足以下要求:

①将相同观测断面(横断面、竖断面)绘制在同一图上,以便于分析相关测点间的规律性和异常性。

②分析各测值随时间变化的情况。

(3)绘制水平位移、沉降量的剖面分布图,分析各测点随空间分布情况、特点及变化规律。

7.分析结论

结合年度汇总的工程检查资料、监测资料的数据统计分析成果、过程线分析成果,做出以下分析评价:

(1)对大坝安全监测设施的运行状况进行评价,提出相关建议;

(2)对大坝变形、渗流等安全状况进行综合评价,提出相关建议。

(四)分析成果

编制年度成果报告并提交审核,根据审核意见进行修改完善。

监测资料整编分析成果评审表如表5-9所示。

表5-9 监测资料整编分析成果评审表

编制时间		编制人员	
审核意见			
修改情况			
修改时间		审核人(签名)	

第六章　维修养护与更新改造

第一节　维修养护

工程维修养护应做到及时消除表面的缺陷和局部工程问题,防护可能发生的损坏,保持工程设施的安全、完整、正常运用。

一、年度维修养护计划编制

(一)工作内容

(1)编制年度维修养护计划;

(2)根据审核意见修改完善;

(3)掌握审批情况。

(二)工作流程

(1)根据各科室上报的维修养护计划,工程管理科编制年度维修养护方案;

(2)初步提出年度维修养护各项目的实施方式;

(3)年度维修养护方案报有关科室审核后提交管理处例会讨论;

(4)审核上报水行政主管部门;

(5)财政部门下达预算执行书以后,安排专项实施计划。

(三)工作要求

1.编制时间

每年8月开始收集各科室有关维修养护计划。12月底前完成每年度维修养护计划。次年1月编制上一年度项目实施绩效评估。

2.资料收集与分析

(1)上一年度的年度检查报告。

(2)每年8月开始收集各科室年度维修养护计划。

3.初步成果编制

年度维修养护方案必须要达到财政部门关于工程预算的格式要求。内容一般有:

(1)水工建筑物维修养护。

(2)大坝观测设施维修养护。

(3)金属结构及机电设备维修养护。

(4)水文设施维修养护。

(5)管理房维修养护。

(6)备用电源维修养护。

(7)供配电系统维修养护。

（8）工程保洁与绿化养护。

（9）水面保洁。

4.报批跟踪

根据上级维修养护计划编制要求的相关文件,将审核后的年度维修养护计划上报县水利局及财政局,并跟踪审批情况。

（四）工作记录

将审批完成后的年度维修养护计划及审核材料、上报材料归档。

二、坝顶、坝端维修养护

（一）工作内容

（1）坝顶、坝端维修养护项目管理;

（2）维修养护资料存档。

（二）工作要求

（1）坝顶养护应达到坝顶平整,无积水,无弃物;防浪墙、坝肩、踏步完整,轮廓鲜明;坝端无裂缝,无坑洼,无堆积物。

（2）坝顶出现坑洼和雨淋沟缺,应及时用相同材料填平补齐,并应保持一定的排水坡度;坝顶路面如有损坏,应及时修复;坝顶的杂草、弃物应及时清除。

（3）防浪墙、坝肩和踏步出现局部破损,应及时修补。

（4）坝端出现局部裂缝、坑洼,应及时填补,发现堆积物应及时清除。

陡山水库大坝坝顶、坝端维修养护工作任务和频次如表6-1所示。

表6-1　陡山水库大坝坝顶、坝端维修养护工作任务和频次

部位和结构		任务及要求	频次
坝顶	路面 （含路肩）	清理垃圾、废弃物等,保持整洁	日常
		混凝土（沥青）路面:修补因正常磨损或老化引发的裂缝、坑洞;砂石路面:平整路面,添加砂石,修补侵蚀、破坏的部分	1~2次/年
	防浪墙	修补裂缝、孔洞,更换风化的块石	1~2次/年
坝端		局部裂缝、坑洼,应及时填补,发现堆积物应及时清除	日常

（三）检查、验收

填写坝顶、坝端维修养护项目记录表。

陡山水库维修养护项目记录表如表6-2所示。

表 6-2　陡山水库维修养护项目记录表

时间		年　　月　　日至　　年　　月　　日
人员		
项目和部位		
类型		经常性的维修养护□　岁修□　大修□　抢修□
维修养护内容	维修养护前状态	
	维修养护过程	
	维修养护结束后或运行调试状态	
	备注（工程遗留问题及资料收集、保管者,或提出相关意见）	
记录人（签名）		负责人（签名）	

维修养护前照片：

维修养护后照片：

三、坝坡、坝区维修养护

坝坡养护应达到坡面平整,无雨淋沟缺,无荆棘杂草滋生;护坡砌块应完好,砌缝紧密,填料密实,无松动、塌陷、脱落、风化、冻毁或架空现象。

(一)工作内容

(1)坝坡、坝区维修养护项目管理;

(2)维修养护资料存档。

(二)工作要求

1.迎水坡(干砌块石护坡)养护要求

(1)及时填补、楔紧脱落或松动的护坡石料。

(2)及时更换风化或冻损的块石,并嵌砌紧密。

(3)当块石塌陷、垫层被淘刷时,应先翻出块石,恢复坝体和垫层后,再将块石嵌砌紧密。

2.背水坡(草皮护坡)养护要求

(1)经常修整草皮、清除杂草、洒水养护,保持完整美观。

(2)当出现雨淋沟缺时,应及时还原坝坡,补植草皮。

3.坝区养护要求

(1)检查观测设施及其保护装置,确保永久观测点无松动、变形、损坏、堵塞现象。

(2)定期清除上游边坡、溢洪道入口和输水渠道的漂浮物。

陇山水库大坝坝坡、坝区维修养护工作任务和频次如表6-3所示。

表6-3 陇山水库大坝坝坡、坝区维修养护工作任务和频次

部位和结构		任务及要求	频次
坝坡	坡面	清除杂草、灌木、碎石、杂物、垃圾等	日常
		平整坡面至设计坡比,坝坡土体开裂、塌(凹)陷、冲沟等按照要求做好回填、修复	
	护坡	预制块(现浇混凝土)护坡:修补预制块(混凝土)表面、勾缝、施工缝的裂缝;疏通堵塞的排水管块石护坡:清除已破损的块石,添加新鲜块石,修补冲坑或空洞,更换垫层材料草皮护坡:洒水养护干枯的草皮;更换枯死的草皮;修剪草皮,草高不超过20 cm	1次/月
	踏步	修补裂缝、破损,更换风化、破损的块石	1次/月
	生物洞穴	回填、挖掘、堵塞动物洞穴,如果洞穴规模较大,应请专业队伍进行处理	1次/年
排水	排水体	清除表面杂草、砂石、杂物等	日常
		块石:修复破损结构;更换风化或碎裂的块石 反滤:添加或更换砂石反滤,保证透水性	1~2次/年
	排水沟	清除沟内泥沙、杂草等杂物,更换或修补排水沟边墙	1次/月

续表 6-3

部位和结构		任务及要求	频次
坝区	安全监测	检查观测设施及其保护装置,确保永久观测点无松动、变形、损坏、堵塞现象。如有损坏,应及时修复或更换,并重新校正。裸露金属构件做防锈防腐处理	2~4次/月
	库面	定期清除上游边坡、溢洪道入口和输水渠道的漂浮物	1次/月
	绿化	经常修剪、洒水养护;清理掉落的枝叶和花朵;绿植缺损或枯萎时,应及时补植	2~4次/月
	照明	更换损坏的灯管、电缆、电线;保护支座稳固	1次/月
	管理房	经常打扫,保持卫生整洁;修补破损的墙面、门窗	2~4次/月

(三)检查、验收

填写坝坡、坝区维修养护项目记录表。

陡山水库维修养护项目记录表如表6-2所示。

四、排水、导渗设施维修养护

排水、导渗设施应达到无断裂、损坏、阻塞、失效现象,排水畅通。

(一)工作内容

(1)排水、导渗设施维修养护项目管理;

(2)维修养护资料存档;

(3)梳理相关资料,归档。

(二)工作要求

(1)排水、导渗设施应达到无断裂、损坏、阻塞、失效现象,排水畅通。

(2)排水沟内的淤泥、杂物及冰塞,应及时清除。

(3)排水沟局部的松动、裂缝和损坏,应及时用水泥砂浆修补。

(4)排水沟的基础如被冲刷破坏,应先恢复基础,后修复排水沟;修复时,应使用与基础同样的土料,恢复至原断面,并夯实。

(5)随时检查修补坝趾排水体或周边山坡的截水沟,防止山坡浑水淤塞坝趾导渗排水设施。

陡山水库排水设施维修养护工作任务和频次如表6-4所示。

表 6-4　陡山水库排水设施维修养护工作任务和频次

部位和结构		任务及要求	频次
排水	排水体	清除表面杂草、砂石、杂物等	日常
		块石:修复破损结构;更换风化或碎裂的块石。反滤:添加或更换砂石反滤,保证透水性	1~2次/年
	排水沟	清除沟内泥沙、杂草等杂物,更换或修补排水沟边墙	1次/月

(三)检查、验收

填写排水设施维修养护项目记录表。

陡山水库排水设施维修养护项目记录表如表 6-5 所示。

表 6-5　陡山水库排水设施维修养护项目记录表

时间		年　　　月　　　日至　　　年　　　月　　　日		
人员				
项目和部位				
类型		经常性的维修养护□　岁修□　大修□　抢修□		
维修养护内容	维修养护前状态			
	维修养护过程			
	维修养护结束后或运行调试状态			
	备注(工程遗留问题及资料收集、保管者,或提出相关意见)			
记录人(签名)			负责人(签名)	
维修养护前照片:				
维修养护后照片:				

五、泄水、输水建筑物维修养护

(一) 工作内容

泄水、输水建筑物维修养护内容包括：

(1) 金属结构维修养护项目管理；

(2) 机电设备维修养护项目管理；

(3) 维修养护资料存档。

(二) 工作要求

泄水、输水建筑物表面应保持清洁、完好，及时排除积水、积雪、苔藓、蚧贝、污垢及淤积的砂石、杂物等。

建筑物各部位的排水孔、进水孔、通气孔等均应保持畅通；当墙后填土区发生塌坑、沉陷时应及时填补夯实；翼墙内淤积物应适时清除。

钢筋混凝土构件的表面出现涂料老化，局部损坏、脱落、起皮等，应及时修补或重新封闭。

上下游的护坡、护底、陡坡、侧墙、消能设施出现局部松动、塌陷、隆起、淘空、垫层散失等，应及时按原状修复。

闸门外观应保持整洁，梁格内无积水，及时清除闸门吊耳、门槽及结构夹缝处等部位的杂物。当钢闸门出现局部锈蚀、涂层脱落时应及时修补；闸门滚轮等运转部位的加油设施应保持完好、畅通，并定期加油。

1. 启闭机养护要求

(1) 防护罩、机体表面应保持清洁、完整。

(2) 机架不得有明显变形、损伤或裂缝，底脚连接应牢固可靠；启闭机连接件应保持紧固。

(3) 注油设施、油泵、油管系统保持完好，油路畅通、无漏油现象，减速箱、液压油缸内油位保持在上、下限之间，定期过滤或更换，保持油质合格。

(4) 制动装置应经常维护，适时调整，确保灵活可靠。

(5) 钢丝绳、螺杆有齿部位应经常清洗、抹油，有条件的可设置防尘设施；启闭螺杆如有弯曲，应及时校正。

(6) 闸门开度指示器应定期校验，确保运转灵活、指示准确。

2. 机电设备养护要求

(1) 电动机的外壳应保持无尘、无污、无锈；接线盒应防潮，压线螺栓紧固；轴承内润滑脂油质合格，并保持填满空腔内 1/3~1/2。

(2) 电动机绕组的绝缘电阻应定期检测，若小于 0.5 MΩ，应进行干燥处理。

(3) 操作系统的动力柜、照明柜、操作箱、各种开关、继电保护装置、检修电源箱等应定期清洁、保持干净；所有电气设备外壳均应可靠接地，并定期检测接地电阻值。

（4）电气仪表应按规定定期检验,保证指示正确、灵敏。

（5）输电线路、备用发电机组等输变电设施按有关规定定期养护。

3.防雷设施养护规定

（1）避雷针(线、带)及引下线如锈蚀量超过截面的 30%,应予更换。

（2）导电部件的焊接点或螺栓接头如脱焊、松动,应予补焊或旋紧。

（3）接地装置的接地电阻值应不大于 10 Ω,超过规定值时应增设接地极。

（4）电气设备的防雷设施应按有关规定定期检验。

（5）防雷设施的构架上,严禁架设低压线、广播线及通信线。

陡山水库溢洪道、放水洞及金属结构维修养护工作任务和频次如表 6-6～表 6-8 所示。

表 6-6　陡山水库溢洪道维修养护工作任务和频次

部位和结构	任务及要求	频次
溢流堰	清除杂草、石块、泡沫塑料等杂物,保持整洁;清理阻碍行洪的子堰、拦鱼网等	日常
	堰面:修补过水后的冲坑、孔洞、裂缝,保证过水面平整	1~2 次/年
	闸墩:修补孔洞、裂缝、渗水点	1~2 次/年
泄槽	清除杂草、树木、泥沙、石块等杂物,保证泄洪顺畅;疏通堵塞的排水管	日常
	混凝土底板和边墙:修复损毁的结构;修补混凝土表面的蜂窝、麻面、孔洞和裂缝;增设排水管。浆砌石底板和边墙:修复损毁的结构;修补孔洞;更换风化、开裂的块石;增设排水沟	1~2 次/年
	岸坡:清除不稳定的岩石	1~2 次/年
消能设施	清除淤积物、石块、树木等障碍物	日常
	消力池:修补过水后的冲坑、孔洞、裂缝;修复被冲毁的边墙,保证结构的完整性。消能工:修补过水后的缺陷	1~2 次/年
工作桥（交通桥）	清除杂物,保持整洁	日常
	桥面:修补混凝土表面蜂窝、麻面、裂缝;护杆网喷涂防锈漆	1 次/月

表 6-7 陡山水库放水洞维修养护工作任务和频次

部位和结构	任务及要求	频次
进水口	清除树木、石块、泡沫塑料等杂物,保持整洁	日常
	塔式进水口:修补结构表面的破损、裂缝等缺陷;排架混凝土露筋处做保护层或防锈处理,定期清理拦污栅表面污物,喷防锈漆 注:若结构出现较大裂缝或变形,须立即向上级汇报,再做处理	1~4 次/年
管(洞)身	混凝土衬砌:修补结构表面的蜂窝、麻面、孔洞、裂缝等缺陷;漏水点做灌浆处理;露筋处喷防锈漆处理	1~2 次/年
	止水橡皮:保持完整,更换老化的橡皮; 止水铜片:及时补充脱落的充填物	1~2 次/年
出水口	清除泥沙等淤积物	日常
	消力池:修补过水后的冲坑、孔洞、裂缝	1~2 次/年
	八字墙:修复损毁的结构;修补孔洞和裂缝;增设排水管	1~2 次/年

表 6-8 陡山水库金属结构维修养护工作任务和频次

部位和结构	任务及要求	频次
闸门、启闭机及其他	定期清除闸门表面附着的水生物、泥沙、污垢、杂物等;保持防护罩、机体表面清洁;运转部位定期加油;检查控制柜是否清洁	日常
	检查钢(铸铁)闸门表面涂膜,发现锈斑及时喷防锈漆处理;检查混凝土闸门,发现破损、开裂时做修补处理;螺杆有齿部位清洗、抹油;检查连接件是否紧固	1 次/月
	检查闸门开度指示器是否准确;检查闸门橡皮止水装置是否密封可靠;检查制动装置可靠性;钢丝绳涂抹防水油脂;检查闸门通气孔(管),清除污物;检查机组油加热器;检查闸门线圈;检查控制柜是否烧坏或松动	1 次/季度
	平板闸门:检查止水是否老化;检查闸门框架是否变形;检查埋件是否损坏。 卷扬启闭机:检查螺杆是否变形;检查钢丝绳是否断裂;检查轴承螺母是否出现裂缝和螺纹齿宽出现磨损情况,较严重时更换	1 次/年

(三) 检查、验收

填写泄水、输水建筑物维修养护项目记录表,如表 6-9 所示。

表 6-9　陡山水库泄水、输水建筑物维修养护项目记录表

时间		年　　月　　日至　　年　　月　　日		
人员				
项目和部位				
类型		经常性的维修养护□　岁修□　大修□　抢修□		
维修养护内容	维修养护前状态			
	维修养护过程			
	维修养护结束后或运行调试状态			
	备注(工程遗留问题及资料收集、保管者，或提出相关意见)			
	记录人(签名)		负责人(签名)	
维修养护前照片：				
维修养护后照片：				

六、观测设施维修养护

(一) 工作内容
(1) 观测设施维修养护项目管理；
(2) 观测设施维修养护资料存档。

(二) 工作流程
(1) 对大坝观测设施维修养护项目的实施过程进行监督管理和协助工作。
(2) 大坝观测设施维修养护项目完工后，进行相关验收。
(3) 梳理相关资料，归档。

(三) 工作要求
1. 大坝观测设施维修养护要求

大坝观测设施维修养护应在每年汛前、汛后各进行一次；观测仪器(全站仪、水准仪)等每年一次送仪器检定单位进行定检；当监测仪器保护装置出现破损时，应在1周内进行修复；大坝安全监测与分析系统每年汛前、汛后各维护一次，日常监测过程中，出现问题及时联系系统维护单位对系统进行修复；定期检查监测电脑蓄电池(每2个月一次)，出现蓄电池电压偏低提示，或不能用蓄电池进行数据监测等情况时，应立即更换。每2年更换蓄电池，并在蓄电池上做好更换标签记录。

2. 大坝观测设施维修养护具体技术要求

(1) 维修养护单位对大坝变形、渗流、监测设施进行率定和维修保养，对自动化监测系统进行维护和更新改造，确保各类监测设施正常监测。

(2) 监测标点、标尺、仪器仪表磨损、失效时，应在下次观测前进行更换、修复。观测仪器出现测值不稳定、观测异常或损坏，在下次观测前送仪器检定单位进行率定或者更换。

(3) 观测设施修复后，应做好观测资料的数据衔接工作。

(4) 必设监测项目测点损坏应及时修复，易损坏的监测设施应及时增设防护装置，有防潮要求的监测设施应采取除湿措施。

(5) 大坝安全监测与分析系统在日常监测过程中，出现问题及时联系系统维护单位对系统进行修复。

(6) 对易损坏的监测设施应加盖上锁、建围栅或房屋进行保护。

(7) 动物在监测设施中筑的巢、窝应及时清除，易被动物破坏的应设防护装置。

(8) 安全监测设施维护除满足相关要求外，应根据安全监测仪器厂家提供的设备维护方法进行维护。

(9) 有防潮湿、锈蚀要求的监测设施，应采取除湿措施。

(10) 观测房及观测站室内温度应能满足安全监测仪器的工作温度要求，必要时采取降温和升温措施。

(四) 检查、验收
填写维修养护实施方案、养护实施过程管理、维修养护项目实施检查记录表及维修养护项目验收记录表。

七、自动监控设施维修养护

（一）工作内容
（1）自动化监控设施维修养护项目管理；
（2）自动化监控设施维修养护资料存档。

（二）工作要求
（1）自动监控设施的养护应符合下列要求：

①定期对监控设施的传感器、控制器、指示仪表、保护设备、通信系统、计算机及网络系统等进行维护和清洁除尘。

②定期对传感器及接收、输出信号设备进行率定和精度校验。对不符合要求的，应及时检修、校正或更换。

③定期对保护设备进行灵敏度检查、调整。

（2）自动监控系统软件的养护应遵守下列规定：

①制定计算机控制操作规程并严格执行。

②加强对计算机和网络的安全管理，配备必要的防火墙。

③定期对系统软件和数据库进行备份，技术文档应妥善保管。

④修改或设置软件前后，均应进行备份，并做好记录。

⑤未经无病毒确认的软件不得在监控系统上使用。

（3）自动监控系统发生故障或显示警告信息时，应查明原因，及时排除，并详细记录。

（4）自动监控系统及防雷设施等，应按有关规定做好养护工作。

（三）检查、验收
（1）编写自动化监控设施维修养护实施方案，进行养护实施过程管理；
（2）填写养护项目实施检查记录表及维修养护项目验收记录表。

八、管理道路维修养护

（一）工作内容
维修养护内容为管理范围内管理道路。

（二）工作要求
道路养护内容主要包括对道路各组成部分（包括附属设施）每年按需要进行日常养护作业和定期养护作业，保持道路原有良好状态和服务水平。

日常养护的作业项目主要有路面及其他部分的清扫，轻微损坏的修补和设施的零星更换，割草和树枝修剪，冬季除雪除冰，以及为恢复偶尔中断的交通进行紧急处理。

定期养护包括辅助设施的改进，路面磨耗层的更新或修复，路面标线、涵洞及附属设施的修复，金属桥的重新油漆等。

道路养护一般在非汛期进行，特殊情况根据需要确定。道路养护满足相关要求。

（三）检查、验收
将养护及保洁工作记录在日常工作记录表中。

九、金属结构及机电设备维修养护

(一)工作内容

金属结构及机电设备维修养护项目管理包括金属结构及机电设备维修养护资料存档。

(二)工作流程

(1)对维修养护项目实施过程进行监督管理和协助工作;

(2)维修养护项目完工后,进行相关验收工作;

(3)梳理相关资料,归档。

(三)工作要求

1.金属结构及机电设备维修养护

(1)闸门等金属结构每4年进行一次防腐处理,拦污栅视实际情况采取防腐处理或更换;止水设施每年进行一次防老化处理,每4年更换一次;钢丝绳每2年进行一次保养,每8年更换一次,发现断丝按规定及时更换。室内设备每4年除锈刷漆一次,室外设备每2年除锈刷漆一次。

(2)金属结构及机电设备维修养护应满足以下技术标准:

①闸门构件强度、刚度或蚀余厚度不足,应按设计补强或更换同材质新件。闸门构件变形,可矫正或更换同材质新件。当各轴销磨损、腐蚀量超过设计标准时,应及时修复或更新。

②吊耳、液压杆及锁定的轴销变形,应及时矫正;吊耳、液压杆及锁定的轴销裂纹或磨损、腐蚀量超过原直径10%,应更换新件。连接螺栓、螺栓孔腐蚀,应更换新件。受力拉板或撑板腐蚀量超过原厚度10%,应更换新件。

③闸门止水橡皮断裂,应粘接修复;止水橡皮严重磨损、变形或老化、失去弹性,门后水流散射或设计水头下渗漏量过大时,应更换新件。矫正止水压板局部变形、严重变形或腐蚀,应更换新件。水润滑管路、阀门等损坏,应及时更换。

④启闭机轴承、螺丝和齿轮等易损构件磨损超过允许值,应修复或更换新件;特殊构件应提前预约生产厂商,保障及时更换和维修。

⑤制动器制动轮和卷筒绳槽磨损在允许值以内,可修理;超过允许值或出现裂纹,应更换新件。

⑥钢丝绳断丝超过允许值,宜更换新绳;如钢丝绳与闸门连接端断丝超过允许值,但断丝范围不超过预绕圈长度的1/2,可调头使用。

⑦电气设备零部件若发现损坏,应及时更换。

2.金属结构及机电设备检测

(1)金属闸门检测每6年一次;若水头达到或接近设计水头,闸门应及时进行安全检测。金属结构及机电设备检测工作宜每年汛前、汛后等时间段内进行。

(2)金属结构及机电设备检测应满足以下技术标准要求:

①闸门外观检测包括门体变形、扭曲等,主梁、支臂等构件的损伤、变形等,主要受力焊缝的表面缺陷,主要构件和连接螺栓的腐蚀状况。

②闸门支承及行走装置、液压杆、止水、埋件等构件检测包括构件的变形、磨损、表面裂纹、损伤、缺件及腐蚀状况等。

③卷扬式启闭机现状检测包括机架、制动器、减速器、卷筒、传动轴及联轴器、滑轮组的缺陷、磨损、损伤、变形、腐蚀状况等。

④钢丝绳检测包括钢丝绳磨损、变形,绳径减小、断丝,润滑、腐蚀状况等,以及钢丝绳末端与卷筒及闸门吊点的固定状况,钢丝绳在卷筒表面的最小缠绕圈数及排列状况,排绳器的运行状况等。

⑤电气设备和保护装置检测包括启闭机现地控制设备完整性检测,电气设备和供配电线路的绝缘及接地系统可靠性检测,线路及电缆线路等敷设状况和老化状况检测,启闭机荷载限制装置、行程控制装置、开度指示装置等设备完整性检测。

⑥复核计算应包括检测、设计(校核)工况下闸门和启闭机结构强度、刚度、稳定性复核计算等,必要时应进行设计工况下启闭机主要零部件复核计算,方法应符合相关要求。

(四)成果记录

填写维修养护项目实施检查记录表及维修养护项目验收记录表。

十、备用电源维修养护

(一)维修养护内容

每15 d进行1次备用电源维修养护工作。

(二)维修养护要求

备用电源维修养护的主要内容包括由备用电源维护单位定期对柴油发电机组、空气滤清器、蓄电池、散热器、润滑机油系统、发电机控制屏等进行维修养护,对不合格或损坏零部件及时进行更换。备用电源维修养护一般每15 d进行1次。

(三)运行维护

每次启动发动机前,检查机油油面高度和冷却液液面高度,检查是否有泄漏、松动或者损坏的部件,磨损或损坏的皮带,发动机外观的任何改变。

机组运行100 h或者6个月,需要更换机油和空气滤清器;检查进气系统,检查进气管道有无可能会损坏发动机的破裂的软管、松动的管夹或刺孔;检查空气滤清器,是否需要更换滤芯或者进行清洁。

机组运行400 h或者1年,必须更换机油和空气滤清器,检查进气系统,更换燃油滤清器,检查冷却液和防冻液。

机组运行5年,需要更换机油和空气滤清器及燃油滤清器,检查并调节气门间隙,检查风扇轴壳、皮带张紧轮轴承及皮带张力、减震器,检查中冷器是否泄漏。

(四)发电机的维护保养

交流发电机的内外部都应定期清洁。当需要清洁时,可按下列步骤进行:将所有电源断开,把外表所有的灰尘、污物、油渍或任何液体擦掉,通风网也要清洁干净,这些东西进入线圈,就会使线圈过热或破坏绝缘。灰尘和污物最好用吸尘器吸掉,不要用吹气或高压喷水来清洁。

发电机回潮而引起绝缘电阻降低,必须将发电机进行烘干。

（五）控制屏的维护保养

机组控制屏的维护保养应保证其表面的清洁,使仪表显示直观清楚,操作按钮(键)灵活可靠。

机组在运行中,振动会引起控制屏仪表零位偏离、紧固件松动,须定期对控制屏校表,紧固连接件、连接线。

（六）蓄电池的维护保养

检查蓄电池的浮充装置是否正常,每年蓄电池充放电一次。

（七）维护保养记录

填写维护保养记录表。

陡山水库备用电源维护保养台账如表 6-10 所示。

表 6-10　陡山水库备用电源维护保养台账

维护保养时间		
维护保养项目	维护保养内容	备注
1.润滑液		
2.冷却液		
3.进气管		
4.曲轴箱通风管		
5.皮带		
6.排气管		
7.蓄电池		
8.空气滤清器		
9.发动机机油		
10.油料		
11.备用器材		
12.卫生		
其他维护项目:		
维护人(签名)		
负责人(签名)		

十一、水雨情遥测系统运行维护

(一)工作内容

(1)检查系统数据采集情况;

(2)对数据进行补测;

(3)对软件、终端电池、太阳能板等进行检查维护。

(二)工作流程及要求

每日检查系统运行是否正常,如站点数据都没有采集到,则是系统出现问题,有可能是网络问题,则需联系设备管理人员。

如果个别站点实时数据缺测,进行人工补测。发现问题及时处理,不能解决的则联系相关水文站。

确保传输软件运行正常。如遇软件死机,重启软件,软件仍不能正常运行,则需联系设备管理人员。

定期对各类仪器设备进行检查维护,及时送专业仪器检测机构进行检定。

每3个月对终端电池、太阳能板进行检查、维护一次,发现问题及时处理,并填写水雨情遥测系统检查记录表(见表6-11)。

表6-11　水雨情遥测系统检查记录表

日期	水雨情终端			太阳能板			检查人(签名)	审核人(签名)
	正常	异常	处理情况	正常	异常	处理情况		
检查中发现的问题汇总:								
审核意见: 审核人: 日期:								

每年 8 月提出更新改造的书面计划,报科室负责人。

（三）工作记录

对遥测系统日常运行管理情况进行记录。

第二节　工程维修

工程维修分为岁修、大修和抢修,其划分界限应符合下列规定:

（1）岁修:水库运行中所发生的和巡视检查中所发现的工程损坏问题,每年进行必要的维修和局部改善。

（2）大修:发生较大损坏或设备老化、修复工作量大、技术较复杂的工程问题,有计划地进行整修或设备更新。

（3）抢修:当发生危及工程安全或影响正常运用的各种险情时,应立即进行抢修。

维修工程项目管理应符合下列规定:

（1）管理单位根据检查和监测结果,依据水利部、财政部《水利工程维修养护定额标准（试点）》（水办〔2004〕307 号）编制次年度维修计划,并按规定报主管部门。

（2）岁修工程应由具有相应技术力量的施工单位承担,并明确项目负责人,建立质量保证体系,严格执行质量标准。

（3）大修工程应由具有相应资质的施工单位承担,并按有关规定实行建设管理。

（4）岁修工程完成后,由工程审批部门组织或委托验收;大修工程完成后,由工程项目审批部门按水利部《水利水电建设工程验收规程》（SL 223—2008）主持验收。

（5）凡影响安全度汛的维修工程,应在汛前完成;汛前不能完成的,应采取临时安全度汛措施。

（6）管理单位不得随意变更批准下达的维修计划。确需调整的,应提出申请,报原审批部门批准。

（7）工程维修完成后,应及时做好技术资料的整理、归档。

一、护坡维修

（一）工作内容

（1）编制年度维修计划;

（2）根据审核意见修改完善;

（3）掌握审批情况。

（二）工作维修

1.砌石护坡维修要求

维修前,先清除翻修部位的块石和垫层,并保护好未损坏的砌体。

2.护坡维修方法

（1）局部松动、塌陷、隆起、底部淘空、垫层流失时,可采用填补翻筑;

（2）局部破坏淘空,导致上部护坡滑动坍塌时,可增设阻滑齿墙;

（3）护坡石块较小,不能抗御风浪冲刷的干砌石护坡,可采用细石混凝土灌缝和浆砌或混凝土框格结构；厚度不足、强度不够的干砌石护坡或浆砌石护坡，可在原砌体上部浇筑混凝土盖面，增强抗冲能力。

3.垫层铺设要求

（1）垫层厚度应根据反滤层设计原则确定，一般为 0.15~0.25 m；

（2）根据坝坡土料的粒径和性质，按相关要求确定垫层的层数及各层的粒径，由小到大逐层均匀铺设。

4.浆砌框格或增建阻滑齿墙要求

（1）浆砌框格护坡一般采用菱形或正方形，框格用浆砌石或混凝土筑成，其宽度一般不小于 0.5 m，深度不小于 0.6 m；

（2）阻滑齿墙应沿坝坡每隔 3~5 m 设置一道，平行坝轴线嵌入坝体；齿墙尺寸，一般宽 0.5 m、深 1 m（含垫层厚度）；沿齿墙长度方向，每隔 3~5 m 应留排水孔。

5.细石混凝土灌缝要求

（1）灌缝前，应清除块石缝隙内的泥沙、杂物，并用水冲洗干净；

（2）灌缝时，缝内应灌满捣实，抹平缝口；

（3）每隔适当距离，应设置排水孔。

6.混凝土盖面维修要求

（1）护坡表面及缝隙内泥沙、杂物应刷洗干净；

（2）混凝土盖面厚度根据风浪大小确定；

（3）混凝土强度等级一般不低于 C20；

（4）应自下而上浇筑，振捣密实，每隔 3~5 m 纵横均应分缝；

（5）原护坡垫层遭破坏时，应补做垫层，修复护坡，再加盖混凝土。

7.修整坡面要求

应保持坡面密实平顺；如有坑凹，应采用与坝体相同的材料回填夯实，并与原坝体结合紧密、平顺。

8.草皮护坡维修要求

（1）当草皮遭雨水冲刷流失和干枯坏死时，可采用添补、更换的方法进行维修。

（2）当护坡的草皮中有杂草或灌木时，可采用人工挖除或化学药剂除净杂草。

（三）工作记录

（1）工程维修规划及主管部门批复；

（2）项目实施的相关资料，包括工程维修项目的设计方案、请示、批复、施工合同、经费来源及项目结算决算资料、竣工验收报告等。

二、坝体裂缝维修

（一）工作内容

（1）编制年度维修计划；

（2）根据审核意见修改完善；

（3）掌握审批情况。

(二)工作要求

1.裂缝维修原则

(1)对表面干缩、冰冻裂缝以及深度小于 1 m 的裂缝,可只进行缝口封闭处理。

(2)对深度不大于 3 m 的沉陷裂缝,待裂缝发展稳定后,可采用开挖回填方法维修。

(3)对非滑动性质的深层裂缝,可采用充填式黏土灌浆或采用上部开挖回填与下部灌浆相结合的方法处理。

(4)对土体与建筑物间的接触缝,可采用灌浆处理。

2.开挖回填方法处理裂缝要求

(1)裂缝的开挖长度应超过裂缝两端 1 m、深度超过裂缝尽头 0.5 m;开挖坑槽底部的宽度至少 0.5 m,边坡应满足稳定要求,且通常开挖成台阶形,保证新旧填土紧密结合。

(2)坑槽开挖应做好安全防护工作;防止坑槽进水、土壤干裂或冻裂;挖出的土料要远离坑口堆放。

(3)回填的土料应符合坝体土料的设计要求;对沉陷裂缝应选择塑性较大的土料,并控制含水量大于最优含水量的 2%。

(4)回填时应分层夯实,特别注意坑槽边角处的夯实质量,压实厚度为填土厚度的 2/3。

(5)对贯穿坝体的横向裂缝,应沿裂缝方向,每隔 5 m 挖十字形结合槽一个,开挖的宽度、深度与裂缝开挖的要求一致。

3.充填式黏土灌浆处理裂缝要求

(1)根据隐患探测和坝体土质钻探资料分析成果做好灌浆设计。

(2)布孔时,应在较长裂缝两端和转弯处及缝宽突变处布孔;灌浆孔与导渗、观测设施的距离不少于 3 m。

(3)灌浆孔深度应超过隐患处 1~2 m。

(4)造孔应采用干钻、套管跟进的方式按序进行。造孔应保证铅直,偏斜度不大于孔深的 2%。

(5)配制浆液的土料应选择失水快、体积收缩小的中等黏性土料。浆液各项技术指标应按设计要求控制。灌浆过程中,浆液容重和灌浆量每小时测定一次并记录。

(6)灌浆压力应通过试验确定,施灌时应逐步由小到大。灌浆过程中,应维持压力稳定,波动范围不超过 5%。

(7)施灌应采用"由外到里、分序灌浆"和"由稀到稠、少灌多复"的方式进行,在设计压力下,灌浆孔段经连续 3 次复灌不再吸浆时,灌浆即可结束。

(8)封孔应在浆液初凝后(一般为 12 h)进行。封孔时,先扫孔到底,分层填入直径 2~3 cm 的干黏土泥球,每层厚度一般为 0.5~1.0 m,或灌注最优含水量的制浆土料,填灌后均应捣实;也可向孔内灌注浓泥浆。

(9)裂缝灌浆处理后,应按《土坝灌浆技术规范》(SL 564—2014)的要求,进行灌浆质量检查。

(10)雨季及库水位较高时,不宜进行灌浆。

（三）工作记录

（1）工程维修规划及主管部门批复；

（2）工程维修项目实施的相关资料，包括工程维修项目的设计方案、请示、批复、施工合同、经费来源及项目结算决算资料、竣工验收报告等。

三、坝体渗漏维修

（一）工作内容

（1）编制年度维修计划；

（2）根据审核意见修改完善；

（3）掌握审批情况。

（二）工作要求

1.坝体渗漏维修要求

遵循"上截下排"的原则。上游截渗通常采用抽槽回填、铺设土工膜、坝体劈裂灌浆等方法，有条件时，也可采用混凝土防渗墙方法；下游导渗排水可采用导渗沟、反滤层等方法。

2.抽槽回填截渗处理渗漏要求

（1）库水位应降至渗漏通道高程 1 m 以下。

（2）抽槽范围应超过渗漏通道高程以下 1 m 和渗漏通道两侧各 2 m，槽底宽度不小于 0.5 m，边坡应满足稳定及新旧填土结合的要求，必要时应加支撑，确保施工安全。

（3）回填土料应与坝体土料一致；回填土应分层夯实，每层厚度 10~15 cm，压实厚度为填土厚度的 2/3；回填土夯实后的干密度不低于原坝体设计值。

3.土工膜截渗要求

（1）土工膜厚度应根据承受水压大小确定。承受 30 m 以下水头的，可选用非加筋聚合物土工膜，铺膜总厚度 0.3~0.6 mm。

（2）土工膜铺设范围应超过渗漏范围四周各 2~5 m。

（3）土工膜的连接，一般采用焊接，热合宽度不小于 0.1 m；采用胶合剂粘接时，粘接宽度不小于 0.15 m；粘接可用胶合剂或双面胶布，连接处应均匀、牢固、可靠。

（4）铺设前应先拆除护坡，挖除表层土 30~50 cm，清除树根杂草，坡面修整平顺、密实，再沿坝坡每隔 5~10 m 挖防滑槽一道，槽深 1.0 m、底宽 0.5 m。

（5）土工膜铺设时应沿坝坡自下而上纵向铺放，周边用 V 形槽埋固好；铺膜时不能拉得太紧，以免受压破坏；施工人员不允许穿带钉鞋进入现场。

（6）保护层可采用沙壤土或沙，施工要与土工膜铺设同步进行，厚度不小于 0.5 m；施工顺序应先回填防滑槽，再填坡面，边回填边压实。

4.劈裂灌浆截渗要求

（1）根据隐患探测和坝体土质钻探资料分析成果做好灌浆设计。

（2）灌浆后形成的防渗泥墙厚度，一般为 5~20 cm。

（3）灌浆孔一般沿坝轴线（或略偏上游）位置单排布孔，填筑质量差、渗漏水严重的坝段，可双排或三排布置；孔距、排距根据灌浆设计确定。

（4）灌浆孔深度应大于隐患深度 2～3 m。

（5）造孔、浆液配制及灌浆压力同"坝体裂缝维修"中"（二）工作要求"。

（6）灌浆应先灌河槽段，后灌岸坡段和弯曲段，采用"孔底注浆、全孔灌注"和"先稀后稠、少灌多复"的方式进行。每孔灌浆次数应在 5 次以上，两次灌浆间隔时间不少于 5 d。当浆液升至孔口，经连续复灌 3 次不再吃浆时，即可终止灌浆。

（7）有特殊要求时，浆液中可掺入占干土重 0.5%～1% 的水玻璃或 15% 左右的水泥，最佳用量可通过试验确定。

（8）雨季及库水位较高时，不宜进行灌浆。

5.导渗沟处理渗漏要求

（1）导渗沟的形状可采用"Y""W""I"等形状，但不允许采用平行于坝轴线的纵向沟。

（2）导渗沟的长度以坝坡渗水出逸点至排水设施为准，深度为 0.8～1.0 m，宽度为 0.5～0.8 m，间距视渗漏情况而定，一般为 3～5 m。

（3）沟内按滤层要求回填砂砾石料，填筑顺序按粒径由小到大、由周边到内部，分层填筑成封闭的棱柱体。也可用无纺布包裹砾石或砂卵石料，填成封闭的棱柱体。

（4）导渗沟的顶面应铺砌块石或回填黏土保护层，厚度为 0.2～0.3 m。

6.贴坡式砂石反滤层处理渗漏要求

（1）铺设范围应超过渗漏部位四周各 1 m。

（2）铺设前应清除坡面的草皮杂物，清除深度为 0.1～0.2 m。

（3）滤料按砂、小石子、大石子、块石的次序由下至上逐层铺设；砂、小石子、大石子各层厚度为 0.15～0.2 m，块石保护层厚度为 0.2～0.3 m。

（4）经反滤层导出的渗水应引入集水沟或滤水坝趾内排出。

7.土工织物反滤层导渗处理渗漏要求

（1）铺设范围、坡面清理同前文。

（2）在清理好的坡面上满铺土工织物。铺设时，沿水平方向每隔 5～10 m 做一道 V 形防滑槽加以固定，以防滑动；再满铺一层透水沙砾料，其厚度为 0.4～0.5 m，上压 0.2～0.3 m 厚的块石保护层；铺设时严禁施工人员穿带钉鞋进入现场。

（3）土工织物连接可采用缝接、搭接或胶接。缝接时，土工织物重压宽度 0.1 m，用各种化纤线手工缝合 1～2 道；搭接时搭接面宽度 0.5 m；胶接时胶接面宽度 0.1～0.2 m。

（4）导出的渗水应引入集水沟或滤水坝趾内排出。

（三）工作记录

（1）工程维修规划及主管部门批复；

（2）工程维修项目实施的相关资料，包括工程维修项目的设计方案、请示、批复、施工合同、经费来源及项目结算决算资料、竣工验收报告等。

四、坝基渗漏和绕坝渗漏维修

（一）工作内容

（1）编制年度维修计划；

（2）根据审核意见修改完善；

（3）掌握审批情况。

（二）工作要求

1.坝基渗漏和绕坝渗漏维修要求

根据地基工程地质和水文地质、渗漏、当地砂石、土料资源等情况，进行渗流复核计算后，选择采用加固上游黏土防渗铺盖、建造混凝土防渗墙、帷幕灌浆、下游导渗及压渗等方法进行维修。

2.加固上游黏土防渗铺盖要求

（1）水库具有放空条件，当地有做防渗铺盖的土料资源。

（2）黏土铺盖的长度应满足渗流稳定的要求，根据地基允许的平均水力坡降确定，一般大于5~10倍的水头。

（3）黏土铺盖的厚度应保证不致因受渗透压力而破坏，一般铺盖前端厚度不小于0.5~1 m；与坝体相接处为1/10~1/6水头，一般不小于3 m。

（4）对于砂料含量少、层间系数不合乎反滤要求、透水性较大的地基，必须先铺筑滤水过渡层，再回填铺盖土料。

3.混凝土防渗墙处理坝基渗漏要求

（1）防渗墙的施工应在水库放空或低水位条件下进行。

（2）防渗墙应与坝体防渗体连成整体。

（3）防渗墙的设计和施工应符合有关规定。

4.帷幕灌浆防渗要求

（1）非岩性的砂砾石坝基和基岩破碎的岩基可采用此法。

（2）帷幕灌浆的位置应与坝身防渗体相结合。

（3）帷幕深度应根据地质条件和防渗要求确定，一般应落到不透水层。

（4）浆液材料应通过试验确定。一般可灌比 $M \geq 10$，地基渗透系数超过 $4.6 \times 10^{-3} \sim 5.8 \times 10^{-3}$ cm/s 时，可灌注黏土水泥浆，浆液中水泥用量占干料的 $20\% \sim 40\%$；可灌比 $M \geq 15$，地基渗透系数超过 $6.8 \times 10^{-3} \sim 9.2 \times 10^{-3}$ cm/s 时，可灌注水泥浆。

（5）坝体部分应采用干钻、套管跟进方法造孔；在坝体与坝基接触面，没有混凝土盖板时，坝体与基岩接触面先用水泥砂浆封固套管管脚，待砂浆凝固后再进行钻孔灌浆工序。

5.导渗、压渗要求

（1）坝基为双层结构，坝后地基湿软，可开挖排水明沟导渗或打减压井；当坝后土层较薄、有明显翻水冒沙以及隆起现象时，应采用压渗方法处理。

（2）导渗明沟可采用平行坝轴线或垂直坝轴线布置，并与坝趾排水体连接；垂直坝轴线的导渗沟的间距一般为5~10 m，在沟的尾端设横向排水干沟，将各导渗沟的水集中排走；导渗沟的底部和边坡，均应采用滤层保护。

（3）压渗平台的范围和厚度应根据渗水范围和渗水压力确定，其填筑材料可采用土料或石料。填筑时，应先铺设滤料垫层，再铺填石料或土料。

(三)工作记录

(1)工程维修规划及主管部门批复;

(2)工程维修项目实施的相关资料,包括工程维修项目的设计方案、请示、批复、施工合同、经费来源及项目结算决算资料、竣工验收报告等。

五、坝体滑坡维修

(一)工作内容

(1)编制年度维修计划;

(2)根据审核意见修改完善;

(3)掌握审批情况。

(二)工作要求

1.坝体滑坡维修要求

根据滑坡产生的原因和具体情况,应选择采用开挖回填、加培缓坡、压重固脚、导渗排水沟等方法进行综合处理。因坝体渗漏引起的滑坡,应同时进行渗漏处理。

2.开挖回填要求

(1)先彻底挖除滑坡体上部已松动的土体,再按设计坝坡线分层回填夯实。

(2)开挖时,应对未滑动的坡面按边坡稳定要求放足开口线;回填时,应保证新老土结合紧密。

(3)回填后,应修复护坡和排水设施。

3.加培缓坡要求

(1)根据坝坡稳定分析结果确定放缓坝坡的坡比。

(2)将滑动土体上部进行削坡,按确定的坡比加大断面,分层回填夯实。夯实后的土壤干密度应达到原设计标准。

(3)回填前,应先将坝趾排水设施向外延伸或接通新的排水体。

(4)回填后,应恢复和接长坡面排水设施及护坡。

4.压重固脚要求

(1)压重固脚常用的有镇压台(戗台)和压坡体两种形式,应视当地土料、石料资源和滑坡的具体情况采用。

(2)镇压台(戗台)或压坡体应沿滑坡段全面铺筑,并伸出滑坡段两端 5~10 m,其高度和长度应通过稳定分析确定。

(3)当采用土料压坡体时,应先满铺一层厚为 0.5~0.8 m 的砂砾石滤层,再回填压坡体土料。

(4)压重后,应恢复或修好原有排水设施。

5.导渗排水沟要求

(1)导渗沟除按"坝基渗漏和绕坝渗漏维修"中第(二)款第 5 项第(2)条的布置和要求外,导渗沟的下部应延伸到坝坡稳定的部位或坝脚,并与排水设施相通。

(2)导渗沟之间滑坡体的裂缝,应进行表层开挖、回填封闭处理。

（三）工作记录

（1）工程维修规划及主管部门批复；

（2）工程维修项目实施的相关资料，包括工程维修项目的设计方案、请示、批复、施工合同、经费来源及项目结算决算资料、竣工验收报告等。

六、排水设施维修

（一）工作内容

（1）编制年度维修计划；

（2）根据审核意见修改完善；

（3）掌握审批情况。

（二）工作要求

1.排水沟（管）的维修要求

（1）部分沟（管）段发生破坏或堵塞时，应将破坏或堵塞的部分挖除，按原设计标准进行修复。

（2）维修时，应采用相同的结构类型及相应的材料施工。

（3）沟（管）基础（坝体）破坏时，应使用与坝体同样的土料，先修复坝体，后修复沟（管）。

2.减压井、导渗体的维修要求

（1）当减压井发生堵塞或失效时，应按掏淤清孔、洗孔冲淤、安装滤管、回填滤料、安设井帽、疏通排水道等程序进行维修。

（2）当导渗体发生堵塞或失效时，应先拆除堵塞部位的导渗体，再清洗疏通渗水通道，重新铺设反滤料，并按原断面恢复。

（3）贴坡式反滤体的顶部应封闭，损坏时应及时修复，防止坝坡土粒堵塞。

（4）完善坝下游周边的防护工程，防止山坡雨水倒灌影响导渗排水效果。

（三）工作记录

（1）工程维修规划及主管部门批复；

（2）工程维修项目实施的相关资料，包括工程维修项目的设计方案、请示、批复、施工合同、经费来源及项目结算决算资料、竣工验收报告等。

七、输水、泄水建筑物维修

（一）工作内容

（1）编制年度维修计划；

（2）根据审核意见修改完善；

（3）掌握审批情况。

（二）工作要求

1.砌石（干砌石和浆砌石）建筑物的维修要求

（1）当砌石体大面积松动、塌陷、淘空时，应翻修或重修至原设计标准。

（2）当浆砌石墙身渗漏严重时，可采用灌浆处理；当墙身发生滑动或倾斜时，可采用墙后减载或墙前加撑处理;当墙基出现冒水、冒沙时,应立即降低墙后地下水位和墙前增设反滤设施综合处理。

（3）当防冲设施(防冲槽、海漫等)遭冲刷破坏时,一般可采用加筑消能设施或抛石笼和抛石等方法处理。

（4）当导渗、排水设施[反滤体、减压井、导渗沟、排水沟(管)等]堵塞损坏时,应及时疏通修复。

2.混凝土建筑物的维修要求

（1）当钢筋混凝土保护层冻蚀、碳化损坏时,应选用涂料封闭,高强度水泥砂浆、环氧砂浆抹面或喷浆等修补方法。

（2）当混凝土结构脱壳、剥落或机械损坏时,可采用下列措施进行修补:

①损伤面积小,可采用砂浆或聚合物砂浆抹补;

②局部损坏,有防腐、抗冲要求的重要部位,可用环氧砂浆或高强度水泥砂浆等修补;

③损坏面积和深度大,可用混凝土、喷混凝土或喷浆等修补;

④修补前,应对混凝土表面凿毛并清洗干净,有钢筋的应进行除锈。

（3）混凝土建筑物裂缝的维修应符合以下要求:

①出现裂缝后,应加强检查观测,查明裂缝性质、成因及其危害程度,据以确定修补方案。

②混凝土的表面裂缝、浅层缝可分别采用表面涂抹、表面粘补玻璃丝布、凿槽嵌补柔性材料后再抹砂浆、喷浆、灌浆、堵漏胶等措施进行修补。

③裂缝应在基本稳定后修补,并宜在低温、开度较大时进行,不稳定裂缝应采用柔性材料修补。

④混凝土结构的渗漏,应结合表面缺陷或裂缝情况,采用砂浆抹面或灌浆处理。

⑤当建筑物水下部位发生表面剥落、冲坑、裂缝、止水设施损坏时,应选用钢围堰、气压沉柜等施工设施修补,或由潜水员采用快干混凝土进行水下修复。

3.闸门的维修规定

（1）钢闸门防腐蚀处理,可采用涂装涂料和喷涂金属等措施。维修前,应进行表面预处理。

（2）当采用涂料作防腐涂层时,应符合以下要求:

①面(中)、底层应配套,性能良好;

②涂层干膜厚度不小于 200 μm。

（3）当采用喷涂金属作防腐涂层时,应符合以下要求:

①喷涂材料宜用锌;

②喷涂层厚度一般为 120~150 μm;

③金属涂层表面应采用涂料封闭,其干膜厚度不小于 60 μm。

（4）当钢闸门表面涂膜(包括金属涂层表面封闭涂层)出现普遍剥落、鼓泡、龟裂、明显粉化时,应全部重新作防腐层或封闭涂层。当钢筋混凝土闸门表面损坏时,应采用涂料封闭,高强度砂浆或环氧砂浆抹面或喷浆等措施进行维修。

（5）闸门止水的维修应符合以下要求:

①当止水橡皮出现磨损、变形或自然老化、失去弹性,且漏水量超过0.2 L/s时,应予更换。

②当止水压板锈蚀严重时,应予更换。

③当止水木腐蚀、损坏时,应予更换。

④当刚性止水挡板焊缝脱落时,应予补焊;当填料缺失时,应填满环氧砂浆。

(6)当钢闸门门叶及其梁系结构、臂杆局部变形、扭曲、下垂时,应及时矫正、补强或更换。

(7)当闸门的连接紧固件松动、缺失时,应紧固、更换、补全;当焊缝脱落、开裂锈损时,应及时补焊。

(8)当闸门行走支撑装置的零部件出现下列情况时,应予更换。

①压合胶木滑道损伤或滑动面磨损严重;

②轴和轴套出现裂纹、压陷、变形、磨损严重;

③滚轮出现裂纹、磨损严重或锈死不转;

④主轨道变形、断裂、磨损严重或瓷砖轨道掉块、裂缝、釉面剥落。

(9)当吊耳、吊座、绳套出现变形、裂纹或锈损严重时,应予更换。

4.启闭机的维修要求

(1)启闭机机架出现明显变形、损坏或裂纹,弹性联轴节内弹性圈老化、破损,滑动轴与轴瓦配合间隙超过允许值,滚动轴承的滚子及其配件出现损伤、变形或磨损严重时,均应进行更换。

(2)当对制动装置进行维修时,应符合以下要求:

①当制动轮出现裂纹、砂眼等缺陷时,应进行整修或更换;

②当制动带磨损严重时,应予更换;

③当制动带的铆钉或螺钉断裂、脱落时,应及时更换补齐;

④当主弹簧变形,失去弹性时,应予更换。

(3)当卷扬式启闭机卷筒表面、辐板、轮缘等出现裂缝或明显损伤,开式轮毂损坏、锈蚀时,应予更换。

(4)钢丝绳维修时应符合以下要求:

①钢丝绳达到《起重机 钢丝绳 保养、维护、检验和报废》(GB/T 5972—2023)规定的报废标准时,应予更换。

②更换钢丝绳时,缠绕在卷筒上的预绕圈数应符合设计要求;无规定时,应不少于4圈,其中2圈用于固定,2圈为安全圈。

③钢丝绳在卷筒上应固定牢靠、排列整齐;在闭门状态下应松紧适宜;在滑轮内不得脱槽、卡槽。

④绳套内浇筑块粉化、松动时,应及时重浇。

⑤弧形闸门钢丝绳与面板连接的铰链应转动灵活。

(三)工作记录

(1)工程维修规划及主管部门批复;

(2)工程维修项目实施的相关资料,包括工程维修项目的设计方案、请示、批复、施工合同、经费来源及项目结算决算资料、竣工验收报告等。

八、观测、监控设施维修

（一）工作内容

（1）编制年度维修计划；

（2）根据审核意见修改完善；

（3）掌握审批情况。

（二）工作要求

（1）当观测设施损坏时，应及时修复。当测压管滤层淤塞或失效时，应重新补设。

（2）当观测设施的标志、盖锁、围栏或观测房损坏时，应及时修复。

（3）当观测仪器、设备损坏时，应及时修复或更新。

（4）当自动化监控设施发生损坏时，应及时维修、更换。

（三）工作记录

（1）工程维修规划及主管部门批复。

（2）工程维修项目实施的相关资料，包括工程维修项目的设计方案、请示、批复、施工合同、经费来源及项目结算决算资料、竣工验收报告等。

九、管理设施维修

（一）工作内容

（1）编制年度维修计划。

（2）根据审核意见修改完善。

（3）掌握审批情况。

（二）工作要求

（1）当防汛道路、供排水设施损坏时，应及时修复至原设计标准。

（2）当管理房屋顶、侧墙出现裂缝、倾斜时，应及时维修。

（3）当通信、照明、遥测及电气观测设备损毁时，应及时维修、更新。

（4）当管理区范围内树木、草皮大面积毁坏或遭虫害时，应及时清除、更新。

（三）工作记录

（1）工程维修规划及主管部门批复；

（2）工程维修项目实施的相关资料，包括工程维修项目的设计方案、请示、批复、施工合同、经费来源及项目结算决算资料、竣工验收报告等。

第三节　更新改造

一、工作内容

对超过合理使用年限，经检测、鉴定存在安全隐患的金属结构、机电设备、管理设施等制订更新改造计划；确定更新改造实施主体。

二、工作流程

（1）根据更新改造计划或日常管理工作中发现的问题，针对更新改造的具体内容，编制实施方案。

（2）实施方案初稿报管理处工作例会讨论。

（3）按会议讨论结论，修改完善方案，并经上级主管部门批准。

（4）根据更新改造实施项目类型，选择合适的更新改造实施主体，签订合同（协议）。

（5）梳理相关资料，验收，归档。

陡山水库更新改造流程如图6-1所示。

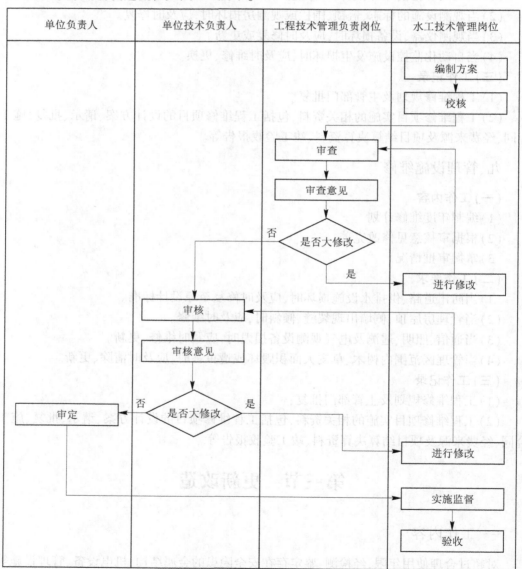

图6-1 陡山水库更新改造流程

三、工作要求

更新改造项目应及时编制更新改造方案,对于更新改造计划的更新改造项目,应在每年 2 月底前编制完成。

需要委托外单位进行更新改造的项目,按山东省财政厅《关于印发山东省 2023 年政府集中采购目录及标准的通知》(鲁财采〔2022〕16 号)选定单位。

水工金属结构及构件达到规定的报废折旧年限、经检测不能满足安全运行的,应进行报废更新。水工金属结构及构件报废应按《水利水电工程金属结构报废标准》(SL 226—1998)执行。

在规定的各种工况下不能安全运行或对操作、维修人员的人身安全有威胁的结构,应进行改造;经改造仍不能满足要求的,应予以报废更新。

技术落后、耗能高、效率低、运行操作人员劳动强度大,或者由于设计、制造、安装等原因造成设备本身有严重缺陷的结构应进行技术改造;经改造仍不能满足要求的,应予以报废更新。

工程运行条件改变,不再适用的设备应进行改造,无法改造的报废更新。

下述情况,应对设备予以报废更新:遭遇意外事故破坏而不可能修复的设备;大修、技术改造后性能虽可满足运行要求,但经济上不合理的设备;其他国家政策规定报废的设备。

更新改造主要针对的是金属结构、机电设备等。主要针对附属工程、机电设备和自动化系统,从改善管理工作条件、提高管理技术水平的角度,进行技术更新改造,编制更新改造规划,并有计划地组织实施。

更新改造规划应委托有资质的单位编制,并经上级主管部门批准。

四、工作记录

(1)更新改造规划及主管部门批复;

(2)工程更新改造项目实施的相关资料,包括更新改造项目的设计方案、请示、批复、施工合同、经费来源及项目结算决算资料、竣工验收报告等。

第七章　安全管理

第一节　安全责任主体

明确地方政府、主管部门、管理单位"三个责任人"和水库安全度汛行政、技术、巡视检查"三个责任人",明确各类责任人的主要职责。

第二节　安全生产目标制定及落实

陇山水库管理处依据《中华人民共和国安全生产法》及相关的法律、法规、规程和规范,并结合工程实际情况制定安全生产管理目标,建立安全生产组织体系,明确安全生产责任制,开展隐患排查治理,定期进行安全生产检查,编制安全生产应急预案并进行演练及修编。

一、安全生产目标制定

(一)工作内容
制定陇山水库工程安全生产年度目标。
(二)工作流程
(1)发出指令;
(2)安全生产年度目标编制;
(3)上报审批。
(三)工作要求
(1)安全生产目标应主要包括下列内容:
①生产安全事故控制目标。
②安全生产教育培训目标。
③安全生产事故隐患排查治理目标。
④应急管理目标。
⑤文明生产管理目标。
⑥人员、设备、交通、消防、环境等方面的安全管理控制指标等。
(2)安全生产目标应尽可能量化,便于考核。目标制定应考虑下列因素:
①国家的有关法律、法规、规章、制度和标准的规定。
②上级主管部门的要求。
③工程运行及设施设备状况等。

（3）安全生产年度目标应经单位主要负责人审批。

（四）成果记录

陡山水库工程安全生产年度目标审核表如表7-1所示。

表7-1　陡山水库工程安全生产年度目标审核表

审核事项	陡山水库工程安全生产年度目标		
审核意见			年　　月　　日
修改情况			
编制人		审核人	

二、安全生产目标管理计划编制

（一）工作内容

编制陡山水库工程安全生产目标管理计划。

（二）工作流程

（1）收集资料；

（2）实施计划编制；

（3）计划修改完善。

(三)工作要求

(1)资料收集应包括:

①与上级签订的安全生产目标责任书;

②本工程安全生产管理制度;

③上一年度工程运行工作总结等。

(2)安全生产目标管理计划的内容包括:安全生产目标值、保证措施、完成时间、责任人等。

(3)保证措施应力求量化,便于实施与考核。

(4)根据审查结果,修改完善目标管理计划。

(四)成果记录

陇山水库工程安全生产目标管理计划表见表7-2。

表7-2 陇山水库工程安全生产目标管理计划表

审核事项	陇山水库工程安全生产目标管理计划		
审核意见			
		年　　月　　日	
修改情况			
编制人		审核人	

三、安全生产目标责任落实

(一) 工作内容

陡山水库负责人按照与莒南县水利局签订的"安全生产目标责任书"要求,分解目标责任,明确各类人员的安全生产责任,并落实到每一位职工。

(二) 工作流程

(1) 分解目标责任;

(2) 明确各类人员的安全生产责任;

(3) 与每一位职工签订"职工安全生产承诺书"(格式附后);

(4) "职工安全生产承诺书"整理保存。

(三) 工作要求

(1) 目标责任分解应完整详尽。

(2) 各类人员的安全生产责任:

①管理单位负责人履行下列职责:贯彻落实国家有关安全生产、劳动保护法律法规和上级指示,做好本处(陡山水库管理处,下同)的安全生产工作。对本处的安全生产责任制、安全生产规章制度做出相应的决策。把安全生产、劳动保护工作列为目标管理之一,定期进行规划、组织落实,研究解决安全生产问题。教育职工牢固树立"安全第一,预防为主"的思想,采取有效措施,提高各级人员安全技术水平。落实专职安全生产管理人员,领导督促职工做好本职范围内的安全生产工作。如实向上级报告安全生产、劳动保护工作情况,接受上级的监督检查。

②专职安全生产管理人员履行下列职责:宣传贯彻执行国家安全法、条例、标准规定,对本部门、单位的安全生产负有监督检查的职责。结合本处的管理特点,制订安全活动计划并组织实施。开展各类安全生产的宣传教育工作,做好特种作业人员的安全技术培训。定期或不定期地组织安全生产检查,开展安全应急预案的演练,建立健全安全生产管理台账。制止违章指挥和违章作业,遇有严重险情,有权暂停生产,并报告本处负责人处理。开展隐患排查,针对安全隐患提出整改措施。进行安全生产事故统计、分析和上报。

③其他职工履行下列职责:认真贯彻党的方针政策、国家有关安全生产的法律和上级有关规定,履行岗位职责,做好职责范围内的安全生产工作。积极参加安全生产培训教育,提高本岗位安全生产管理和操作水平。积极参加安全生产大检查、安全生产活动月等活动。有权拒绝违章指挥和制止违章作业,并及时报告单位负责人。配合开展安全生产事故的调查、处理和工伤事故统计上报工作。

(四) 成果记录

陡山水库管理处与每一位职工签订"职工安全生产承诺书",并整理保存。

职工安全生产承诺书

本人作为陡山水库管理处的职工,自愿接受单位安全生产办公室的管理,并郑重承诺,在工作中严格履行以下职责和义务:

1.严格遵守国家法律、法规和单位、科室的各项安全规章制度和安全管理规定,积极参加本单位、科室组织的各项安全活动,牢固树立"安全第一,防范为主"的思想,切实履行岗位安全和工作职责,防范各类安全事故发生。

2.自愿接受单位、科室、班组等各级安全和业务技能(学习)与培训,努力提高自身安全及工作业务技术水平,增强安全防范意识,做到"三不伤害"。

3.严格遵守单位关于本岗位(或工种)的《安全技术操作规程》,认真按管理手册、操作规程进行作业,做到不违章操作、不违反劳动纪律、不冒险操作。

4.保持工作现场规范化、标准化,杜绝"跑、冒、滴、漏"现象。

5.经过培训后,能正确使用和维护本岗位的安全防护装置,以及本人的劳动防护用品。在操作过程中,必须合理佩戴劳动防护用品。

6.熟悉本岗位安全操作规程,掌握本岗位安全技能,懂得本岗位的危险性、预防措施和应急方法,会报警,会使用救急工具和消防器具。

7.积极参加单位的事故隐患检查和整改工作,在工作中发现事故隐患或者其他危险(危害)因素,立即向上报告,并配合单位进行解决。

8.发现生产安全事故时,及时向上报告,积极参与单位的事故应急救援工作,在救援中服从上级的指挥。

9.切实做好自身安全防护工作,注意车辆行驶安全。

10.强化自身安全意识,在生产过程中对自己的人身安全负直接责任。如严重违反安全生产的有关规定,应承担相应后果。

职工(签字):

年　　　月　　　日

四、安全生产目标管理检查考核

(一)工作内容
安全生产目标管理执行情况的检查考核。

(二)工作流程
(1)检查考核准备。
(2)组织检查考核。
(3)情况反馈。
(4)提出改进意见。

(三)工作要求

(1)年底进行一次年度考核。

(2)考核应当客观、公正,按照要求逐项进行。

(3)检查考核结束应及时进行情况反馈。

(4)考核结果纳入年度综合评价体系。

(四)成果记录

整理安全生产目标管理检查考核记录(包括情况反馈、改进意见等)。

陡山水库工程安全生产目标管理检查考核记录表见表7-3。

表7-3　陡山水库工程安全生产目标管理检查考核记录表

考核对象:

序号	检查考核内容	检查考核结果	备注
1	履行岗位安全和工作职责情况		
2	参加各级安全和业务技能学习与培训情况		
3	遵章守规,无"三违"情况		
4	保持工作现场规范化、标准化情况		
5	维护安全设施,正确佩戴劳动防护用品情况		
6	掌握本岗位安全技能情况		
7	参加单位的事故隐患检查和整改工作情况		
8	履行报告义务防护工作情况		
9	做好自身安全防护工作情况		
10	有无严重违反安全生产规定情况		
总体评价			
检查人		检查考核日期	

注:检查考核结果应量化打分,每项满分为10分。

五、安全生产检查管理

(一)工作内容

开展安全生产检查。其主要内容包括:

(1)查思想:对安全生产的认识,责任心;有无忽视安全的思想存在,出了事故是否从思想上认真吸取教训。

（2）查管理：是否正确处理安全与生产的关系，对职工的安全教育执行情况、落实整改措施等。

（3）查制度：查各项安全制度执行情况。

（4）查设备：消防器材、安全装置、运行设备等安全状况是否良好。

（5）查现场：各区域或项目是否存在安全隐患，消防通道是否畅通等。

（二）工作流程

（1）安全生产检查准备。

（2）实施安全生产检查。

（3）通过分析作出判断。

（4）及时作出决定进行处理。

（5）实现安全检查工作闭环。

（三）工作要求

安全生产检查分为经常性检查、定期检查、专项检查。其中，定期检查为每季度一次。

安全生产检查应当根据工程运行不同阶段的特点和季节气候等变化，确定每次检查的形式、检查的重点等。

应通过分析作出判断，所检查的内容中是否存在问题。

安全生产检查中发现的一般问题，检查人员应当责令现场有关人员立即进行整改。

发现较大问题又不能立即整改的，检查人员可以根据实际情况，发出"安全检查整改通知书"，要求负有责任的科室进行限期整改。

（四）成果记录

陡山水库工程安全生产检查情况记录表见表7-4。

表7-4　陡山水库工程安全生产检查情况记录表

检查类别		检查时间	
组织科室		负责人	
检查项目或部位			
参加人员			
检查记录：			
检查结论及要求：			
填表人：		检查负责人（签字）：	

注：检查类别即经常性检查、定期检查、专项检查。

陡山水库工程安全生产检查整改通知书见表7-5。

表7-5　陡山水库工程安全生产检查整改通知书

编号：

隐患部位		责任科室	

致：
事由:安全事故隐患需整改项目
内容：

以上问题必须采取相应整改措施,于　　　月　　　日前整改完毕。

主管科室(签章)：

经办人(签字)：　　　　　　负责人(签字)：　　　　　日期：　　年　　　月　　　日

责任科室(签收)：　　　　　　　　　　　　　　　　日期：　　年　　　月　　　日

回复：

责任科室(签章)：

经办人(签字)：　　　　　　负责人(签字)：　　　　　日期：　　年　　　月　　　日

验证确认：

主管科室(签章)：

经办人(签字)：　　　　　　负责人(签字)：　　　　　日期：　　年　　　月　　　日

注:本表一式三份,一份由主管科室留存,两份由责任科室签收,责任科室整改完毕后回复一份给主管科室,由主管科室对整改结果进行验证并签署。

六、事故隐患排查

(一)工作内容
开展生产安全事故隐患排查。

(二)工作流程
(1)制订排查方案。
(2)开展隐患排查。
(3)建立事故隐患信息台账。

(三)工作要求
(1)排查前应制订排查方案,明确排查的目的、范围和方法。
(2)排查工作由专职安全生产管理人员负责,组织管理处技术负责人、工程技术人员和运行单位工程技术人员参加。
(3)应采用定期综合检查、专项检查、季节性检查、节假日检查和日常检查等方式,开展隐患排查。
(4)按照事故隐患的等级建立事故隐患信息台账。

(四)成果记录
对排查出的事故隐患,按照事故隐患的等级进行登记,建立事故隐患信息档案。陇山水库工程重大事故隐患登记表见表7-6。

表7-6　陇山水库工程重大事故隐患登记表

存在隐患单位 (科室)		负责人	
隐患类别		隐患地点 (或部位)	
发现时间		排查人员	
隐患概况(包括隐患形成原因,可能影响的范围、造成后果)			
主要治理方案(包括治理措施、所需费用、完成时间、治理期间的防范措施)			
整改单位(科室)		整改责任人	

填报人:　　　　　　　　　　　　　　　填报日期:

七、危险作业许可管理

(一)工作内容

本工程在运行、检修等活动过程中,对进行动火作业、受限空间内作业、临时用电作业、高处作业等危险性较高的作业活动,实施作业许可管理,严格履行审批手续。

(二)工作流程

(1)危险性较高的作业活动申请。

(2)对申请进行审查。

(3)符合相关规程要求的,予以通过审批。

(4)不符合相关要求的,予以退回,并要求重新申请,直至符合相关要求,予以通过审批。

(三)工作要求

(1)专职安全生产管理人员应根据相关要求对申请进行审查。

(2)审查应在1个工作日内完成。

(3)对不符合相关要求的,予以退回,并应说明理由。

(4)对符合相关要求的,予以通过审批。

(四)成果记录

陡山水库工程危险作业审批表见表7-7。

表7-7 陡山水库工程危险作业审批表

申请单位			作业地点		
作业时间			完成时间		
作业简要内容					
危险作业要点					
安全防护措施					
直接作业人员		间接作业人员		审批科室意见	
姓名	身体状况	姓名	身体状况		
现场监护人			批准时间		
审批科室负责人			经办人		

填报人: 　　　　　　　　　　　　　　　　填报日期:

八、应急管理

(一)应急预案启动建议

1.工作内容

(1)掌握陡山水库安全应急预案中突发事件信息状况。

(2)提出陡山水库安全应急预案启动等级建议。

2.工作流程

(1)关注陡山水库安全应急预案各级事件;

(2)分析突发事件的影响范围;

(3)按陡山水库安全应急预案相关规定,提出启动等级建议;

(4)提交相关建议至水库管理处会议讨论。

3.工作要求

(1)当工程发生大洪水、有感地震、库水位骤降、超过汛限水位(125.00 m)、水库放空、工程发生较严重的破坏现象或出现其他危险迹象时,掌握各类事件的发生时间、过程等内容。

(2)以电话形式,报告水库管理处负责人。

(3)分析各类事件对水库大坝及下游安全的影响程度、影响范围。

(4)按陡山水库安全应急预案相关规定,提出启动等级建议。

(5)提交相关建议。

4.工作记录

填写预案启动建议表,并签字。

表 7-8 为陡山水库应急预案启动建议表。

表 7-8 陡山水库应急预案启动建议表

时间: 年 月 日			
事件描述			
情况报告	报告时间: 对象: 报告形式:		
预案启动 建议等级		建议启动时间	
制表人 (签名)			

(二) 应急预案启动及结束

1. 工作内容及流程

1) 应急预案启动

(1) 发布预案启动通知,根据启动等级,上报上级相关单位;

(2) 通知预案相关责任人员进岗到位;

(3) 检查相关责任人到岗及应急工作情况。

2) 应急结束

(1) 根据启动等级,发布(接收)应急结束通知;

(2) 组织技术人员配合、参与事故调查分析;

(3) 完成应急响应总结报告。

2. 工作要求

1) 应急预案启动

(1) 编制水库安全应急预案启动令及相关文件;

(2) 按文件流转程序,发布预案启动通知,报临沂市防汛抗旱指挥办公室;

(3) 通知预案组成人员进岗到位;

(4) 分析各类事件对水库大坝及下游安全的影响程度、影响范围;

(5) 检查相关责任人到岗情况。

2) 应急结束

(1) 以"谁启动,谁结束"原则结束应急响应。陡山水库安全突发事件险情应急处置工作结束,或者相关危险因素消除后,Ⅰ级、Ⅱ级应急响应经临沂市应急指挥部认定,没有恶化可能,宣布应急响应结束。Ⅲ级、Ⅳ级应急响应经莒南县应急指挥部认定,没有恶化可能,宣布应急响应结束。

(2) 按文件流转程序,发布(接收)应急结束通知,报县人民政府。

(3) 配合、参与事故调查分析,并完成应急响应总结报告。

(4) 及时开展工程检查、设备巡视检查,严密观测大坝安全监测数据。

3. 工作记录

填写应急预案启动令和水库安全应急预案人员进岗到位检查表等,并整理归档。

(三) 安全应急预案演练组织

1. 工作内容

(1) 编制演练方案。

(2) 发布演练通知。

(3) 通知相关责任人。

(4) 总结演练成果。

2. 工作流程

(1) 根据水库管理处会议决定或上级防指(防汛抗旱指挥部)要求,编制预案演练方案。

（2）预案演练方案经水库管理处会议审批后，印发通知。

（3）通知预案组成人员，按时进岗到位。

（4）记录演练过程。

（5）总结、分析演练成果。

3.工作要求

（1）安全应急预案演练可根据县防指安排共同开展，每年开展一次演练工作。

（2）应急演练方案中应明确演练目的、预设事件、演练时间、参加人员、动用物资、演练流程等内容。

①演练的预设事件可针对预案中的一项或者几项突发事件进行演练；

②演练时间一般放在汛前或者主汛前；

③参加人员和动用物资应根据突发事件的类型进行确认；

④演练流程包括开始时间、环节步骤、结束时间等。

（3）演练预案经水库管理处会议确定后，按文件流程印发文件，并下发至相关单位（人员）。

（4）根据演练步骤，记录过程。

4.成果记录

按要求填写方案评审表和演练记录表，并整理归档。

九、水库安全应急预案修编

（一）工作内容

（1）提出应急预案修编建议；

（2）修编应急预案；

（3）修编成果报批。

（二）工作流程

（1）收集相关资料；

（2）提出预案修改建议；

（3）修编应急预案；

（4）报批成果。

（三）工作要求

每年1月底前，收集上一年度检查成果、上一年度观测资料整编成果、日常巡视检查中发现的问题、最近一次预案启动情况、应急预案中相关责任人的变动情况。

对收集的资料进行分析，提出修编建议。每年4月之前提出预案修编计划，确定修编内容、标准、要求，报管理处。

预案每启动一次后，需及时进行修订并报批。

开展修编工作时，具体按《水库安全应急预案编制导则（试行）》结合预案启动经验进行，必要时委托专业资质单位进行修编。

组织专家审查,根据审查结果修改完善,形成报批稿。报市防指,跟踪审批流程。收到市防指批复后,组织水库管理处相关人员学习应急预案。

(四)工作记录

填写预案修编建议表,并及时整理归档。

第三节 防汛组织机构、物料与设施

一、防汛组织机构

(一)工作内容

成立防汛组织结构,制定防汛制度。

(二)工作要求

(1)成立防汛组织机构,确定组成人员;

(2)明确防汛组织机构职责;

(3)确立防汛责任制;

(4)成立防汛常备队伍和后备队伍,并建立花名册;

(5)结合应急演练,每年对防汛队伍进行培训。

二、防汛物料与设施

(一)防汛物资采购计划编制

1.工作内容

根据防汛测报费及年度计划,并结合防汛实际需要,编制防汛物资采购计划。

2.工作流程

(1)每年开展汛前检查时,对现有所储防汛物资进行清点。

(2)根据防汛物资储备现状及有关规定,编制年度防汛物资采购计划。

(3)按规定程序采购防汛物资。

3.工作要求

(1)清点防汛物资数量,按"防汛物资储备明细表"及《山东省防汛物资储备定额(试行)》核对,统计需要采购的防汛物资清单。

(2)防汛物资采购计划主要包括:现有防汛物资保存情况,下一年度需采购的物资品种、规格、数量、采购途径(购买或签订代储协议),防汛物资采购所需资金等。

(3)防汛物资中,一般块石等物品采用代储方式。

(4)按"年度防汛物资采购计划",开展各类物资的采购、清点、验收及起草代储协议等工作。

4.工作记录

填写防汛物资采购申请清单(见表7-9)。

表 7-9　防汛物资采购申请清单

序号	物品名称	规格	单位	数量	单价	总价	采购方式

（二）防汛物资采购

1.工作内容

按要求对防汛物资进行采购。

2.工作流程

（1）采购防汛物资，签订代储协议。

（2）防汛物资验收入库。

3.工作要求

将经验收的防汛物资进行存放并造册登记。

4.工作记录

填写防汛物资采购明细表，并按要求整理归档。

（三）防汛物资储备

按照有关规程和规定储备所需防汛物资。

（四）防汛物资发放、领用

1.工作内容

按要求对防汛物资申请领用、发放。

2.工作流程

（1）核对防汛物资领用申请表中的物品种类、数量，核对申请表相关签名是否完整。

（2）根据防汛物资领用申请表，查找相关物品数量是否可以提供。

（3）填写防汛物资出库清单。

（4）与申领人共同核对相关物品品种、数量。

（5）申领人在防汛物资出库清单上签字。

3.工作要求

（1）根据防汛物资发放、领用凭据，防汛物资领用申请表，开展发放、领用工作。

（2）若情况紧急，先电话联系报批，然后完善手续。

（3）对于非消耗性防汛物资,在使用完后及时收回,并办理相关手续。

4.工作记录

填写防汛物资领用申请表(见表7-10)和防汛物资出库清单(见表7-11),并按要求整理归档。

表7-10　防汛物资领用申请表

序号	申领物品名称	规格	单位	数量	备注

申领人：　　　　　　　　　　科室负责人：　　　　　　　　处领导：

表7-11　防汛物资出库清单

序号	物品名称	规格	单位	数量	出库时间	归还时间	领料人	发料人	备注

（五）防汛物资管理

1.存放内容

防汛物资仓库主要储备：应急灯、救生衣、铁锹、雨衣、雨伞、雨靴、安全帽、编织袋、电缆、手电筒等。目前管理处实备编织袋 2.1 万条、冲锋舟 2 艘、150 kW 和 10 kW 的发电机各 1 台、升降式投光灯 5 台、钢管桩 300 根、木桩 6 m³、土工布 800 m²、救生衣 180 件、手电筒 141 只、电缆 500 m、铁丝 1.65 t、铁锹 105 把、大铁锤 52 把、铁丝 1.65 t、雨衣 140 件、雨靴 140 双、雨伞 100 把、对讲机 12 部、铜锣 2 个、报警器 2 个、喇叭 2 个及其他小型物资等 40 多种防汛物资。附近乡镇大店、涝坡也储备了一定数量的编织袋和木桩等防汛物资。另外，水库管理处分别与县开元百货公司、涝坡金川石子厂等签订了常用防汛物资及块石、砂石料储备协议，能够满足国家防汛物资储备定额要求。

2.仓库管理

防汛物资仓库需根据室内空气温度视情况进行通风和卫生保洁工作，保持室内干燥、整洁。汛期每周通风一次，其他时间每月通风一次，每次通风在 6~7 h，通风结束后，做好卫生保洁工作。每月对各仓库的电气设备、线路、仓库外墙、门窗、地面检查 2 次，并填写防汛物资仓库通风管理记录表（见表 7-12）、照明灯充电管理记录表（见表 7-13）。

表 7-12　防汛物资仓库通风管理记录表

日期	天气	通风时间	是否开展保洁	防虫、防鼠等	工作人员（签名）

表 7-13 照明灯充电管理记录表

日 期	充电时间	充电数量	工作人员（签名）

第八章　信息化管理

陆山水库目前已建成视频监控、大坝溢洪闸监测自动化、泄(输)水控制自动化、水位监测、降雨量监测等水库工程综合运行管理系统平台。

水库视频监控包括泄水、输水闸门状态监视、上下游水面监视、启闭机房监视、环水库监视等。大坝溢洪闸监测自动化包括大坝渗压监测、溢洪闸底板扬压力监测等。

第一节　机房环境管理

一、设备台账管理

(一)交接设备及基础技术资料

1.工作内容

从设备提供方接收设备及相关基础技术资料。

2.工作流程

(1)接收设备及相关基础技术资料。

(2)根据设备清单核对设备及相关基础技术资料。

(3)填写设备交接单。

3.工作要求

(1)设备核对准确无误。

(2)设备交接单上交接双方要签字确认。

(二)登记设备台账

1.工作内容

根据资产管理要求及设备编码、卡片,登记设备台账。

2.工作流程

(1)接收机房管理相关资产管理卡片。

(2)核对资产管理卡片和实物设施设备,确认无误。

(3)根据资产管理卡片登记设备台账。

(4)整理已登记设备的相关基础技术资料,列表记录。

3.工作要求

(1)账卡相符。

(2)账实相符。

二、机房日常运行管理

(一)机房环境日常巡视检查

1.工作内容

工作日巡视检查机房环境,记录机房温度、湿度和电压。

2.工作流程

(1)根据温湿度计读数,记录机房温度和湿度。

(2)根据配电柜仪表显示屏数据,记录机房三个单相稳态电压。

3.工作要求

(1)机房温度控制在 18~28 ℃,相对湿度控制在 35%~75%。

(2)机房单相稳态电压范围为(220±5)V。

(二)保洁机房卫生

1.工作内容

用除尘设备保持机房卫生。

2.工作流程和要求

(1)每周对机房进行一次保洁工作。

(2)保持机房整洁卫生,物品摆放有序。

3.成果记录

记录机房管理台账。

三、系统故障处置管理

(一)工作内容

当系统发生故障后,根据工作流程,排除或组织排除系统故障。

(二)工作流程

(1)发现故障或接收故障报告。

(2)排查故障。

(3)故障升级,向水库单位负责岗领导汇报故障情况,申请相关系统维护服务商提供维护服务。

(4)组织有关系统维护服务商,排查故障。

(5)故障设备维修或更换。

(三)工作要求

(1)重大故障和无法自主排除故障要及时汇报。

(2)过质保期设备维修、更换,按单位付费维修、采购设备相关流程执行。

(3)跟踪系统维护服务商排查故障、设备维修、更换等过程。

(四)成果记录

填写故障记录、维修记录、设备更新记录、维护记录。

四、系统维护外包管理

(一)工作内容
通过公开招标确定提供系统维护服务的供应商。

(二)工作流程
(1)向科室负责人、陡山水库管理处领导推荐招标代理单位。
(2)起草招标代理委托合同,经陡山水库管理处法定代表人同意后签订合同。
(3)配合编制招标文件。
(4)参与评标、决标。
(5)决标结果向科室领导人和陡山水库管理处领导报告。
(6)起草系统维护服务委托合同,经财政审核同意后签订正式合同。

(三)工作要求
(1)向招标代理单位提供主要技术要求及预算金额,复核招标代理单位编制的招标文件。
(2)代表业主参与评标、决标,做到公开、公平、公正。
(3)起草系统维护服务委托合同,明确维护环境及对象、服务期限与服务地点、服务内容方式和要求、维护确认与验收、价格与付款方式等合同内容要求。
(4)经财政审核同意后签订系统维护服务委托合同。

五、机房环境安全管理

(一)工作内容
保障机房环境安全。

(二)工作流程和要求
(1)机房钥匙由专人保管,无关人员未经许可不得擅自进入。
(2)机房内严禁吸烟和使用明火,严禁堆放易燃易爆、腐蚀性及强磁性物品,不得存放与工作无关的其他物品。
(3)机房配备灭火器和火灾报警装置。
(4)执行机房环境日常巡视检查管理。
(5)机房设施设备因维修等原因移出机房要有记录、手续。

(三)成果记录
填写记录机房设备日常检查维护记录表。

第二节　网络和硬件管理

一、网络 IP 资源管理

(一)工作内容
根据工作实际需要对网络 IP 资源进行管理。

(二)工作流程

(1)根据业务工作需要,统筹安排网络 IP 资源。

(2)对具体业务工作点分配网络 IP 资源。

(3)记录网络 IP 资源的分配使用情况,进行动态管理。

(三)工作要求

网络 IP 资源的分配使用应方便网络管理、信息传输,并考虑网络安全要求。

(四)成果记录

(1)系统网络拓扑图。

(2)网络 IP 资源分配使用记录。

二、网络和硬件管理

(一)用户名和密码管理

1.工作内容

记录、管理网络和计算机硬件设备登录用户名、密码。

2.工作流程和要求

(1)整理记录现有设备登录用户名、密码。

(2)发现安全隐患,及时更改设备登录用户名、密码,并记录。

(3)设备管理员调整后,及时更改设备登录用户名、密码,并记录。

(二)设备配置参数管理

1.工作内容

备份、管理设备配置参数文件。

2.工作流程和要求

(1)保证在线设备运行稳定,不轻易变更设备配置参数。

(2)因业务需要确需变更设备配置参数的,应先备份设备配置参数文件,后变更配置参数。

(3)设备配置参数变更后,应及时备份最新设备配置参数文件,并跟踪设备运行情况。

(4)记录设备配置参数变更情况。

三、环境和硬件安全管理

(一)工作内容

保障网络环境和计算机硬件安全。

(二)工作流程和要求

(1)水库计算机监控系统数据通过网闸设备单向接入综合管理系统数据库。

(2)综合管理平台与外部网络之间部署防火墙。

(3)执行设备登录用户名、密码管理,原则上只有防火墙管理员掌握防火墙管理账号和密码。

(4)执行设备配置参数管理,根据满足业务应用需求原则,从严设置防火墙策略。

（5）执行设备日常巡视检查和运行日志记录巡视检查。

（6）发现系统入侵情况及时汇报。

（三）成果记录

记录设备运行异常和问题。

第三节　软件管理

一、软件资产台账管理

（一）资产和技术资料交接

1.工作内容

接收软件资产和相关基础技术资料。

2.工作流程

（1）从系统集成方接收软件资产和相关基础技术资料。

（2）根据软件验收清单核对软件资产和相关基础技术资料。

（3）填写软件资产交接单。

3.工作要求

（1）软件资产核对应准确无误。

（2）软件资产交接单上交接双方要签字确认。

（二）登记软件资产台账

1.工作内容

根据资产管理相关卡片,登记软件资产台账。

2.工作流程

（1）接收与机房管理相关的资产管理卡片。

（2）核对相关资产管理卡片和实物软件资产,确认无误。

（3）根据相关资产管理卡片登记软件资产台账。

（4）整理已登记软件资产的相关基础技术资料,列表记录。

3.工作要求

（1）账卡相符。

（2）账实相符。

4.成果记录

记录软件资产台账。

二、用户管理

（一）工作内容

为综合管理软件平台使用者创建用户名、密码,设置对应操作权限。

（二）工作流程

（1）综合管理软件平台使用申请人填写"软件平台功能需求申请表",提交本科室负责人。

（2）各科室负责人确认申请人的用户权限,确认无误后签字。

（3）系统管理科室负责人对申请表进行审核后,由系统管理员创建用户或者变更权限。

（4）系统管理员将创建的用户名、密码告知申请人本人,并要求申请人及时变更口令。

（5）系统管理员将申请表整理保存。

（三）工作要求

（1）用户的创建和变更由申请人根据业务需要申请提出。

（2）提交的申请表要由申请人所在科室的负责人签字确认,并经系统管理科室负责人审核。

（四）成果记录

整理"软件平台功能需求申请表"并存档。

三、软件日常运行管理

（一）会商系统运行

（1）会商系统操作:会议室大屏的开启和关闭。

①会议室大屏的开启。到控制会议室的电脑打开大屏控制软件,开启大屏。

②关闭会议室大屏。

③检查视频监控系统是否运行正常;做好机房和会议室门窗、服务器、网络设备、不间断电源、空调等设备的管理。

（2）做好系统试运行、检查维护等工作。

（3）根据需要开启会商系统,将镜头、声音等调整好,确保会议正常进行。

（4）每2个月对会商系统的软硬件进行检查维护,及时发现、报告、解决出现的故障,并做好记录,填写机房设备日常检查维护记录表。

（5）每年8月,根据设备运行情况制订维修、更新计划,报科室负责人,及时做好设备维修、更新工作。

（二）视频监控系统

（1）系统登录:双击桌面上登录图标,弹出系统登录界面。

（2）设置用户名和密码。

（3）保存密码:保存最后一次有效登录的用户名和密码信息,下次登录时可不用输入用户名和密码。

（4）确定:验证用户名和密码,进入程序界面。

（5）取消:取消登录,退出程序。

（6）输入正确的用户名和密码,单击确认。系统验证用户名和密码,进入初始化进度界面。

（7）系统初始化完成后即进入监控系统的主界面,即正常运行监控系统。

（8）对维修、维护、保养情况,填写机房设备日常检查维护记录表,形成台账。

（三）综合管理软件

（1）工作日巡视检查综合管理软件的运行状况，记录发现异常和问题。

（2）登录综合管理软件平台。

（3）巡视检查综合管理软件运行状况、各功能模块工作状况及原始数据、业务数据的完整情况。

（4）对发现的异常和问题进行记录。

（四）数据库软件

（1）巡视检查数据库软件详细运行状况，记录发现的异常和问题。

（2）登录数据库软件管理平台。

（3）巡视检查数据库软件各类运行日志记录。

（4）巡视检查数据备份文件的生成记录。

（5）对发现的异常和问题进行记录。

（6）对软件系统运行异常和问题进行记录。

四、软件应用安全管理

（一）工作内容

保障软件环境和软件应用安全。

（二）工作流程和要求

（1）执行用户管理。

（2）严禁在业务系统中安装未经授权的软件，不得在业务系统中运行与工作无关的程序。

（3）严禁在系统服务器上使用可移动存储介质。因工作需要确需使用的，应做好病毒防御工作，并做好相关记录。

（三）成果记录

记录软件系统运行异常和问题。

第四节　数据管理

一、数据备份管理

（一）工作内容

采取措施进行系统业务数据备份。

（二）工作流程和要求

系统的业务数据通过部署数据库服务器统一管理。部署于数据库服务器上的数据库管理软件利用自身软件功能，对所管理业务数据执行数据备份。

每半年开展一次业务数据全备份，每天开展一次业务数据增量备份。

业务数据和对应备份数据存储于主磁盘阵列设备中，磁盘阵列设备存储模式设置为RAID5。

部署备用磁盘阵列设备,动态热备份主磁盘阵列设备存储数据。

(三) 成果记录

记录业务数据备份作业执行情况。

二、数据恢复

(一) 工作内容

根据系统故障排除需求,对系统业务数据执行业务数据备份恢复作业。

(二) 工作流程和要求

(1)业务系统因故障需要进行数据恢复时,应有数据备份恢复作业申请。

(2)数据备份恢复作业申请要经过系统管理科室负责人批准认可。

(3)完成数据恢复后,对数据恢复作业过程要有记录。

(三) 成果记录

记录业务数据恢复作业执行情况。

第九章 档案管理

第一节 档案分类

陡山水库档案类型包括以下5大类：文书档案、工程档案、设备档案、会计档案、特种载体档案。

第二节 程序文件

一、资料接收

（一）工作内容

接收各科室移交的档案资料，核对资料清单，并做好资料接收的记录。

（二）工作流程

档案资料接收流程如图9-1所示。

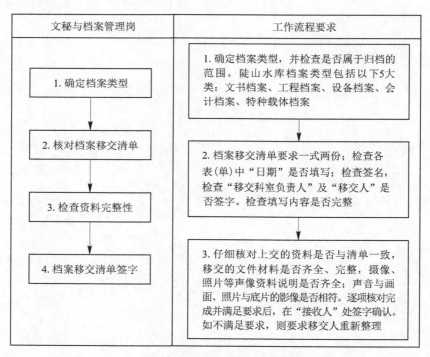

文秘与档案管理岗	工作流程要求
1. 确定档案类型	1. 确定档案类型，并检查是否属于归档的范围。陡山水库档案类型包括以下5大类：文书档案、工程档案、设备档案、会计档案、特种载体档案
2. 核对档案移交清单	2. 档案移交清单要求一式两份；检查各表(单)中"日期"是否填写；检查签名，检查"移交科室负责人"及"移交人"是否签字。检查填写内容是否完整
3. 检查资料完整性	
4. 档案移交清单签字	3. 仔细核对上交的资料是否与清单一致，移交的文件材料是否齐全、完整，摄像、照片等声像资料说明是否齐全；声音与画面、照片与底片的影像是否相符。逐项核对完成并满足要求后，在"接收人"处签字确认。如不满足要求，则要求移交人重新整理

图9-1 档案资料接收流程

(三) 工作要求

(1)确定档案类型,并检查是否属于归档的范围。

(2)文书档案接收:文书档案要先填写文件(资料)呈阅,提交领导批示和处理意见,取回文件,然后按领导批示交主办科室和人员传阅处理,最后主办科室传阅并签名后,文件交回档案室归档、存放。

(3)检查档案移交清单:档案移交清单要求一式两份;检查各表(单)中"日期"是否填写;检查签名,检查"移交科室负责人"及"移交人"是否签字。检查填写内容是否完整。

(4)检查资料完整性:仔细核对上交的资料是否与清单一致,移交的文件材料是否齐全、完整,摄像、照片等声像资料说明是否齐全;声音与画面、照片与底片的影像是否相符。

(5)逐项核对完成并满足要求后,在"接收人"处签字确认。如不满足要求,则要求移交人重新整理。

二、档案整理

(一) 工作内容

根据要求对接收的档案进行分类、编号及入柜保存。

(二) 工作流程

档案整理流程如图 9-2 所示。

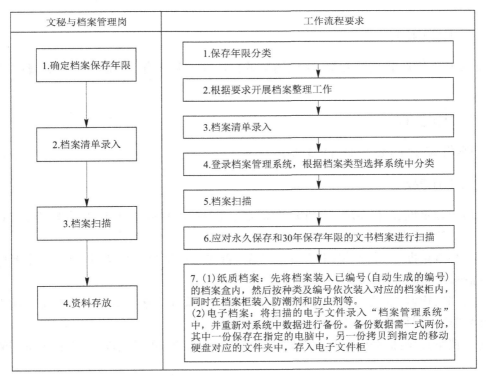

图 9-2　档案整理流程

(三)工作要求

(1)保存年限分类:根据档案管理制度相关要求开展。

(2)档案清单录入:登录档案管理系统,根据档案类型选择系统中分类列表。在工具栏中点击"增加",在弹出的列表相应位置填写案卷名称、责任人、起始时间、结束时间、保管期限、文件份数、卷内张数等,系统自动生成档案编号。

(3)档案扫描:应对永久保存和30年保存年限的文书档案进行扫描。

(4)档案保存:

①纸质档案:先将档案装入已编号(自动生成的编号)的档案盒内,然后按种类及编号依次装入对应的档案柜内,同时在档案柜装入防潮剂和防虫剂等。

②电子档案:将扫描的电子文件录入"档案管理系统"中,并重新对系统中数据进行备份。备份数据需一式两份,其中一份保存在指定的电脑中,另一份拷贝到指定的移动硬盘对应的文件夹中,存入电子文件柜。

(四)工作记录

在完成档案资料的归档及备份登记后,需负责人签字确认。

第三节　档案借阅与归还

一、工作内容

根据档案管理的相关要求,完成档案的借阅及归还工作,并做好档案借阅(归还)登记。

二、工作流程

档案借阅与归还流程如图9-3所示。

三、工作要求

(1)填写审批表:科室填写"档案借阅表",登记的内容包括:借阅的档案名称、内容、时间、人员名称和用途等。

(2)核查审批单:收到档案借阅审批单后,首先对审批单进行核对,核对的主要内容包括:借阅人、借阅日期、办公室及主任意见。

(3)档案检索:审批核对完成后,登录"档案管理系统",输入关键字或在主页面中输入"档号"或"件号"查找待借阅的档案资料的编号。

(4)档案查找:根据检索到的档案号,在相应的档案柜(电子文件柜)中找出待借阅的档案。

(5)档案检查核对:所有的档案资料查找完成后,再一次核对查找的档案与借阅清单内容是否一致。

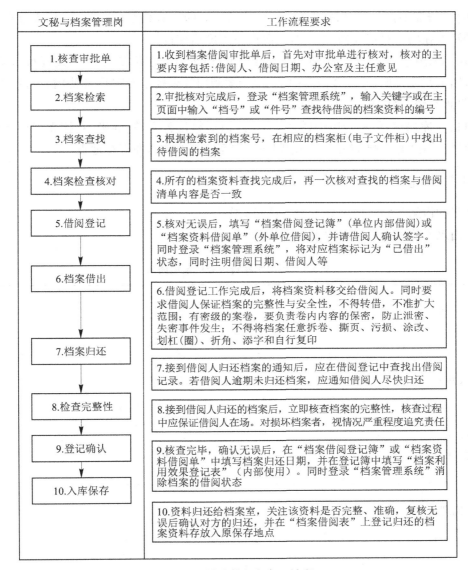

文秘与档案管理岗	工作流程要求
1.核查审批单	1.收到档案借阅审批单后,首先对审批单进行核对,核对的主要内容包括:借阅人、借阅日期、办公室及主任意见
2.档案检索	2.审批核对完成后,登录"档案管理系统",输入关键字或在主页面中输入"档号"或"件号"查找待借阅的档案资料的编号
3.档案查找	3.根据检索到的档案号,在相应的档案柜(电子文件柜)中找出待借阅的档案
4.档案检查核对	4.所有的档案资料查找完成后,再一次核对查找的档案与借阅清单内容是否一致
5.借阅登记	5.核对无误后,填写"档案借阅登记簿"(单位内部借阅)或"档案资料借阅单"(外单位借阅),并请借阅人确认签字。同时登录"档案管理系统",将对应档案标记为"已借出"状态,同时注明借阅日期、借阅人等
6.档案借出	6.借阅登记工作完成后,将档案资料移交给借阅人。同时要求借阅人保证档案的完整性与安全性,不得转借,不准扩大范围;有密级的案卷,要负责卷内内容的保密,防止泄密、失密事件发生;不得将档案任意拆卷、撕页、污损、涂改、划杠(圈)、折角、添字和自行复印
7.档案归还	7.接到借阅人归还档案的通知后,应在借阅登记中查找出借阅记录。若借阅人逾期未归还档案,应通知借阅人尽快归还
8.检查完整性	8.接到借阅人归还的档案后,立即核查档案的完整性,核查过程中应保证借阅人在场。对损坏档案者,视情况严重程度追究责任
9.登记确认	9.核查完毕,确认无误后,在"档案借阅登记簿"或"档案资料借阅单"中填写档案归还日期,并在登记簿中填写"档案利用效果登记表"(内部使用)。同时登录"档案管理系统"消除档案的借阅状态
10.入库保存	10.资料归还给档案室,关注该资料是否完整、准确,复核无误后确认对方的归还,并在"档案借阅表"上登记归还的档案资料存放入原保存地点

图 9-3　档案借阅与归还流程

（6）借阅登记:核对无误后,填写"档案借阅登记簿"（单位内部借阅）或"档案资料借阅单"（外单位借阅）,并请借阅人确认签字。同时登录"档案管理系统",将对应档案标记为"已借出"状态,同时注明借阅日期、借阅人等。

（7）档案借出:借阅登记工作完成后,将档案资料移交给借阅人。同时要求借阅人保证档案的完整性与安全性,不得转借,不准扩大范围;有密级的案卷,要负责卷内内容的保密,防止泄密、失密事件发生;不得将档案任意拆卷、撕页、污损、涂改、划杠(圈)、折角、添字和自行复印。

（8）档案归还:接到借阅人归还档案的通知后,应在借阅登记中查找出借阅记录。若借阅人逾期未归还档案,应通知借阅人尽快归还。

（9）核查完整性：接到借阅人归还的档案后，立即核查档案的完整性，核查过程中应保证借阅人在场。对损坏档案者，视情况严重程度追究责任。

（10）登记确认：核查完毕，确认无误后，在"档案借阅登记簿"或"档案资料借阅单"中填写档案归还日期，并在登记簿中填写"档案利用效果登记表"（内部使用）。同时登录"档案管理系统"消除档案的借阅状态。

（11）入库保存：资料归还给档案室，关注该资料是否完整、准确，复核无误后确认对方的归还，并在"档案借阅表"上登记归还的档案资料存放入原保存地点。

四、工作记录

档案的借阅与归还应做好审批与登记工作。

陡山水库管理处档案借阅表如表9-1所示。

表9-1　陡山水库管理处档案借阅表

查（借）阅 单位（人）			
经办人姓名		查（借）阅时间	
查（借）阅 案卷名称			
查（借）阅理由			
审批意见			
案卷利用结果			
案卷归还时间			
备注			

第四节　档案库房管理

一、工作内容

根据档案库房的管理相关规定,做好库房的日常管理,并做好库房管理的工作记录。

二、工作流程

参照档案库房管理流程。

三、工作要求

(1)专人管理:档案库房专人管理,其他人未经允许不得进入档案室。

(2)定期检查:库房安全检查应每 7 d 进行一次。

(3)进入库房:进入档案室后,关闭档案室防盗门,接通档案室总电源,打开库房门进入档案库房。

(4)档案检索:档案检索时,由管理员专人负责,其他人在库房外等候,不得进入。当确因工作需要进入库房时,须经档案室领导同意。严禁借阅人自行拿取档案。禁止外来存储介质在档案计算机上使用。

(5)温湿度检查:进入库房后,查看温湿度表,填写记录表。如温度低于 12 ℃ 或高于 24 ℃、湿度低于 45% 或超过 60%,需采取措施(空调和除湿器)调节温湿度。在空调和除湿器工作过程中,管理员不得擅自离开。

(6)档案柜检查:管理员应检查防磁柜、档案柜等是否存在打开、蚊虫、潮湿等现象。

(7)卫生保洁:卫生保洁工作结合库房日常安全检查进行,做好防高温、防火、防盗、防潮湿、防虫、防尘、防霉菌、防光、防有害气体"九防"工作;无遗失、无霉变、无差错,并配置相应的设施。

(8)其他检查:检查灭火器是否正常,空调、除湿器是否正常工作,照明设施能否正常工作,防盗窗是否有打开现象等。

(9)填写记录:档案管理员应根据实际填写"水库管理处档案管理记录表"。

(10)离开档案室:离开前检查防盗窗(包括窗帘)、照明、空调等是否关闭,并关闭档案室总电源开关及防盗门。

(11)及时上报:及时上报和处理不利于档案安全保管的问题。

四、工作记录

档案库房的日常检查与管理应做好记录,对发现的异常情况及处置方法应详细记录。陡山水库管理处档案管理记录表如表 9-2 所示。

表 9-2　陡山水库管理处档案管理记录表

检查时间		检查地点	档案室
温度		湿度	
检查人员			
检查记录人		温湿度调节情况	
检查情况及异常记录			
检查情况处理			

第五节　归　档

实行文件形成单位立卷制度。按照档案行政管理部门的规定,应当立卷归档的材料由其形成科室的人员收集齐全,并整理、立卷,定期交管理处档案管理员,任何单位或个人不得据为己有或拒绝归档、上报。档案资料必须完整、准确、系统。文书档案与工程档案分类清楚,组卷合理。

所有归档材料应是原件,双面用纸(特殊情况除外),要做到数据真实一致,字迹清楚、图面整洁,签字手续完备;案卷线装(去掉金属物),结实美观;图片、照片等要附以有关情况说明。卷内目录、备考表一律采用计算机打印。文件材料的载体和书写材料应符合耐久性要求,不应用圆珠笔、纯蓝墨水、红墨水、铅笔书写(包括拟写、修改、补充、注释或签名)、复写,不得使用热敏纸等。

　　案卷内管理性文件材料按问题、时间或重要程度排列,并以件为单位装订、编号及编目。一般正文与附件为一件,正文在前,附件在后;正本与定稿为一件,正本在前,定稿在后,依据性材料(如请示、领导批示及相关的文件材料)放在定稿之后;批复与请示为一件,批复在前,请示在后;转发文与被转发文为一件,转发文在前,被转发文在后;来文与复文为一件,复文在前,来文在后;原件与复制件为一件,原件在前,复制件在后;会议文件按分类以时间顺序排序。

　　档案资料的移交必须填写档案移交表,必须编制档案交接案卷及卷内目录,交接双方应认真核对目录与实物,并由经办人、负责人签字,加盖单位公章确认。

第六节　归档时间

　　(1)各种文件原则上在文件办理完毕后,及时归档。文书档案办理完毕后立卷归档,于次年6月底前移交。

　　(2)照片、录像、录音资料,在每次会议或活动结束后由摄影、摄像者整理立卷,刻录成光盘并编写说明,10日内归档移交。

　　(3)建设管理类资料在竣工验收会议结束一周内移交,技术文件材料应在一项任务完成并做出报告后一并归档。

　　(4)设备生产单位档案资料在设备交货验收的一周内移交。

　　(5)专业会议材料,会后及时归档。

第七节　档案号编制

一、文书档案

(一)党群类

1.综合类

(1)党支部会议记录、纪要;

(2)民主生活会会议纪要;

(3)支部工作记录;

(4)党内统计、名册;

(5)其他。

2.组织人事

(1)机构设置、人员编制、启用印章;

(2)干部任免、专业技术职务聘任;

(3)人员考核、奖惩;

(4)人员调配、转正、定级、抚恤等;

(5)劳动工资、养老、医疗保险;

(6)人事统计、名册;

(7)其他。

3.宣传

(1)理论学习;

(2)精神文明;

(3)其他。

4.纪检

通知、学习先进事迹。

5.工会

通知、娱乐活动、会议记录等。

(二)办公室

1.会议

(1)主任办公会议;

(2)综合性工作会议;

(3)其他。

2.文秘工作

(1)工作计划、总结;

(2)简报、信息;

(3)文书、档案;

(4)机要、保密;

(5)机构沿革;

(6)大事记;

(7)规章制度;

(8)其他。

3.行政事务

(1)后勤管理;

(2)车辆管理;

(3)接待;

(4)其他。

二、工程档案

(一)标准化管理

1.安全管理

(1)注册登记;

(2)安全鉴定;

(3)工程标准;

(4)确权划界;

(5)安全责任制;

（6）水行政管理；

（7）防汛组织；

（8）应急预案；

（9）安全生产；

（10）标识标牌；

（11）视频监控。

2.运行管理

（1）管理手册；

（2）操作规程；

（3）工程检查；

（4）工程监测；

（5）调度运行；

（6）工程环境。

3.养护管理

（1）挡水建筑物；

（2）输水、泄水建筑物；

（3）金属结构及机电设备等；

（4）养护记录；

（5）工程维修；

（6）管理机构。

4.管理保障

（1）岗位设置及人员配备；

（2）管理设施；

（3）管理经费；

（4）档案管理。

（二）规范化管理

1.组织管理

（1）管理体制和运行机制；

（2）机构设置和人员配备；

（3）精神文明；

（4）规章制度；

（5）档案管理。

2.安全管理

（1）注册登记；

（2）安全鉴定；

（3）确权划界；

（4）安全责任制；

（5）依法管理；

(6)防汛组织；

(7)防汛预案；

(8)防汛料物与设施；

(9)除险加固；

(10)更新改造；

(11)安全生产。

3.运行管理

(1)工程检查；

(2)工程观测；

(3)工程养护；

(4)机电设备维护；

(5)工程维修；

(6)报汛及洪水预报；

(7)防洪调度；

(8)兴利调度；

(9)操作运行；

(10)管理现代化。

4.经济管理

(1)财务管理；

(2)工资、福利及社会保障；

(3)费用收取；

(4)水土资源利用。

(三)除险加固

前期工作、计划方案、勘测、移民迁占、设计、招标投标、建设管理、质量检测、施工资料、监理资料、竣工验收、影像等。

三、会计档案

会计凭证类、会计账簿类、会计报表类、其他会计资料类。

四、实物档案

奖状、奖杯、牌匾、证书、锦旗、印章、其他等。

五、特种载体档案

光盘、U盘、照片等。

第十章　环境保护

第一节　工作内容

工作内容包含建筑物保洁、庭院保洁、绿化、景观设施保洁、标识标牌管理等。

第二节　工作流程

对环境保护项目实施过程进行监督管理和协助工作；环境保护项目完工后，进行相关验收工作；梳理相关资料，归档。

第三节　工作要求

一、管理区工程保洁与绿化养护保洁

管理区工程保洁与绿化养护保洁的主要内容有：定期进行工程区（大坝、溢洪道、泄洪渠）保洁。及时清除坝顶、坝坡的杂草、弃物；当坝头绿化区内的树木、花卉出现缺损或枯萎时，应及时补植或灌水、施肥养护。根据树木生长情况，及时做好补种、迁移。

每日对大坝表面垃圾清扫 1 次；每年 4 月、7 月、10 月对溢洪道、泄洪渠清理 1 次。每年施肥 2 次，春季在 3~4 月，秋季在 9~10 月；每年在 4~5 月、10~11 月对坡地及平地草皮进行修剪，对树木、灌木进行修剪及整形。

（一）保洁工作要求

大坝表面保持整洁；泄洪洞、输水隧洞、消力池无阻碍物，保持畅通。

（二）绿化工作要求

（1）坡地及平地草皮修剪：视草坪整体生长茂盛情况，修剪后的草坪要求基本平整，高度控制在 20 cm 之内。

（2）树木、灌木修剪及整形：对松柏类树木，可采用自然式整形方式将病枯枝剪除，对养护范围内的其他乔木和灌木，必须按其生长特性和造型美观进行修剪，对缺损或枯死灌木要及时补种；修剪整形要考虑到地形因素，并做到美观整齐，勤于修剪岔道口及急弯处行道树，以不影响交通安全。

（3）杂草清除：要求人工拔除宽叶杂草和掘除丛生杂草、高秆植物等。

（4）清理养护区内的建筑垃圾及生活垃圾，并将清理物运至垃圾场。清除杂草不能使用化学药剂，如确须使用，则必须经管理处书面同意，方可进行。对缺损的草皮必须及时用同品种的草皮覆盖。

（5）施肥管理：以施氮肥为主，要求施肥均匀，用肥量不少于每平方千米 200 kg。

（6）灌溉：根据养护区域的气候特点，在高温和干旱时期，用洒水车或其他设备进行灌溉，以确保种植土水分充足。

（7）病虫害防治：根据实际情况对症下药，确保草皮、树木、灌木生长正常，色泽良好。

（8）防火及防寒：每年的 11 月至次年的 2 月，为草皮枯黄期，在此期间，草皮除尽量剪短外，还要加强巡视检查，一旦发现火情，及时扑灭；冬季，特别是遭遇严寒时，需对树木采取防寒措施，以使树木安全越冬。

二、水面保洁管理

（1）在饮用水源保护区内重点地段和主要路口应设置警示牌，发现有被破坏或损伤的警示牌应及时修补或更换。

（2）加强水库水质保护管理工作，及时阻止游泳、垂钓等有碍水质的行为。

（3）组织人员对库面、坝前、进水口等处的漂浮物进行及时打捞和清理，以确保水面清洁。

三、标识标牌保洁管理

主要对标识标牌损坏、倾倒、字迹图案模糊不清的情况及时维修、更换。

四、管理用房保洁管理

楼道、大厅、内墙：地面洁净，无水渍脏物，干爽。墙壁无破损、乱涂乱画，天花板无蜘蛛网。窗户明净，灯饰里外干净。

卫生间：室内无异味，地面干爽无污渍、杂物，天花板无蜘蛛网，内外标识齐备。

五、实施时间

日常保洁时间内，每天对库区水面进行循环保洁；生活垃圾清理收集后 2 d 内全部封闭运到镇级垃圾中转站。

六、技术标准

（1）日常保洁时间内，安排保洁人员到岗到位。

（2）遇到较大降雨后杂物较多或特殊情况时或必要时，增加打捞船只和人员，延长保洁时间。

（3）水面保洁覆盖面达 100%，确保水面、库岸内陆河道无垃圾及漂浮物，打捞物要求全部离岸堆放。

（4）生活垃圾清理收集后全部封闭运到垃圾中转站。

环境保洁达标效果和工作频次要求如表 10-1 所示。

表 10-1　环境保洁达标效果和工作频次要求

环境保护	达标效果	参考频次
公共区域	道路和地面:无垃圾,无固化水泥、泥土等,无明显污渍、尘渍。 楼道、大厅、内墙:地面洁净,无水渍脏物,干爽。墙壁无破损、乱涂乱画。天花板无蜘蛛网。窗户明净,灯饰里外干净。 卫生间:室内无异味,地面干爽,无污渍、杂物,天花板无蜘蛛网,内外标识齐备	每天不少于 1 次
办公区域	办公室及会议室:地面干净,无污渍,无纸屑杂物	每周不少于 2 次
	物品摆放:办公桌椅及文件柜摆放有序,桌面文件、电话、电脑等有序摆放。窗户明净,灯饰里外干净	
绿化区域	绿化带内无明显大片树叶、纸屑、垃圾袋等杂物。 绿化植物无明显枯枝败叶。 绿化植物出现缺损或枯萎时,应及时补植或灌水、施肥养护。根据树木生长情况,及时做好补种、迁移。 草坪修剪:修剪后草坪高度控制在 20 cm 之内	绿化区域保洁每周不少于 2 次 草坪修剪每月不少于 1 次
作业场所	启闭机房室外闸孔前无阻水物体。水闸两边护岸无杂树杂物。 启闭机房室内整洁干净,无垃圾杂物,无污渍,无积水积尘,非启闭设备区域无油污,窗户明净无破损,无蜘蛛网。金属结构、机电设备完整、无损坏,各部位润滑情况良好,设备无漏油,螺栓无松动,设备表面无明显积灰、油污,无蜘蛛网	每周不少于 1 次
工程保洁	及时清理坝体建筑垃圾和生活垃圾,疏通堵塞的排水管。溢流堰、泄槽、消能设施、工作桥及时清除杂草、石块、泡沫塑料等垃圾,保持整洁;清除阻碍行洪的淤积物、石块、树木、拦鱼网等障碍物,疏通堵塞的排水管。 涵洞进水口及时清除树木、石块、泡沫塑料等杂物,保持整洁,出水口及时清除泥沙等淤积物	每周不少于 1 次
	对坝体护坡的杂树杂草进行清除,修剪后草坪高度控制在 20 cm 之内	每月不少于 1 次
上游水面保洁	及时清理水面的杂物、垃圾及漂浮物,目视范围内10 000 m² 水域不得聚集 1 m² 以上漂浮废弃物	每周不少于 1 次

第四节　成果记录

将养护及保洁工作记录在日常工作记录表中。

第十一章　管理考核

第一节　岗位职责考核

每年度对水库日常工作、工程管理、维修养护工作进行职工内部考核评分。制订内部考核表。建立激励机制,将考评结果与管理人员奖励挂钩。

一、考核内容

工作人员年度考核应当以聘用合同和岗位职责为依据,以工作实绩为重点内容,以服务对象满意度为基础,按照规定的内容、标准和程序进行。考核的内容包括德、能、勤、绩、廉五个方面,重点考核工作绩效。德,是指遵纪守法情况以及在思想政治素质、职业道德、社会公德、个人品德等方面的表现。能,是指履行岗位职责能力、专业技术技能以及管理水平、知识更新情况。勤,是指公益服务意识、工作责任心、勤奋敬业精神和工作态度等方面的情况。绩,是指履行岗位职责情况,完成工作任务的数量、质量、效率,所产生的社会效益和经济效益以及服务对象的满意度。廉,是指廉洁从业方面的表现。事业单位工作人员经批准在两个岗位上任职的,考核内容应当包括聘用合同约定的两个岗位职责任务。

二、考核标准

工作人员年度考核的结果分为优秀、合格、基本合格、不合格四个等次。考核标准应以岗位职责及年度工作任务为基本依据,在政府人力资源社会保障部门的指导下,事业单位应根据实际情况自行制订,并由主管部门审核。考核标准应明确具体,不同类别、不同等级岗位的工作人员应有不同的标准。

(一)确定为优秀等次须具备下列条件

(1)遵纪守法,思想政治素质高,自觉贯彻落实科学发展观,具有模范的职业道德和良好的社会公德、家庭美德、个人品德;

(2)履行岗位职责能力强,与岗位要求相应的专业技术技能或者管理水平高,积极参加知识更新活动;

(3)公益服务意识和工作责任心强,具有模范的勤奋敬业精神,工作态度认真负责;

(4)全面履行岗位职责,高质量地完成工作任务,成效显著,服务对象满意度高;

(5)在廉洁从业方面具有模范作用。

(二)确定为合格等次须具备下列条件

(1)遵纪守法,思想政治素质较高,贯彻落实科学发展观,具有良好的职业道德、社会公德、家庭美德、个人品德;

(2)履行岗位职责能力较强,与岗位要求相应的专业技术技能或者管理水平较高,定

期参加知识更新活动;

(3)公益服务意识和工作责任心较强,具有勤奋敬业精神,工作态度比较认真负责;

(4)能够履行岗位职责,较好地完成工作任务,富有成效,服务对象满意度较高;

(5)廉洁从业。

(三)确定为基本合格须具备下列条件

(1)思想政治素质一般,或者在职业道德、社会公德、家庭美德、个人品德方面存在明显不足;

(2)履行岗位职责能力较弱,与岗位要求相应的专业技术技能或者管理水平较低;

(3)公益服务意识和工作责任心一般,或者工作态度、工作作风方面存在明显不足;

(4)基本能够履行岗位职责,但完成工作的数量不足,质量和效率不高,或者在工作中有较大失误,或者服务对象满意度较低;

(5)能基本做到廉洁从业,但某些方面存在不足。

(四)确定为不合格须具备下列条件

(1)思想政治素质较差,或者在职业道德、社会公德、家庭美德、个人品德方面较差;

(2)业务素质和工作能力不能适应岗位要求;

(3)公益服务意识和工作责任心薄弱,或者工作态度、工作作风差;

(4)未能履行岗位职责,未能完成工作任务,或者在工作中因严重失误、失职,造成重大损失或者恶劣社会影响;

(5)不能做到廉洁从业,且情形较为严重。

三、考核的方法和程序

工作人员的年度考核,实行领导与群众相结合、平时与定期相结合、定性与定量相结合。考核要注重实效、简便易行、便于操作。

事业单位工作人员年度考核的基本程序如下:

(1)被考核人个人总结、述职,填写"××省事业单位工作人员年度考核登记表";

(2)在一定范围内民主测评;

(3)主管负责人在听取群众意见的基础上,根据平时考核和个人总结写出评语,提出考核等次意见。

第二节　工程管理考核

对照水利工程管理考核要求,每年12月底前完成工程管理考核自评。

一、考核范围

水库工程内所有建筑物、金属结构和机电设施设备等日常运行维护、安全管理及站区绿化、保洁等。

二、综合考核

综合考核内容包括日常运行情况、调度执行情况、设备保养状况、安全情况、环境卫生、资料台账,运行管理值班人员是否按有关规定配备,是否按照水库管理处要求进行维修养护等。

三、考核方式

采取月度考核评分和年度考核评分相结合,900 分(含)为合格,950 分(含)以上为优秀,月度考核占考核总成绩的 60%,年度考核占考核总成绩的 40%,总分共 1000 分,具体赋分标准略。

(1)月度考核。由水库管理处工程科每月 25 日对运行单位进行考核。

(2)年度考核。年度考核由年度检查工作小组在合同运行年度最后一个月进行。

考核结果报水库管理处办公室审定备案,作为下一年度合同执行的依据。

四、考核奖惩措施

月考核低于 900 分的,每下降 1 分,扣 200 元,以此类推,并发整改通知书,对于连续两个月考核不合格的,甲方有权终止与乙方的合同,并清算劳务费,解除合同;对年度总考核验收不合格的,每下降 1 分,再扣去合同期总合同价款(总价承包部分)的 1%。

发生公众监督投诉处理不当,或整改不及时到位,扣除合同期总合同价款(总价承包部分)的 1%。

出现违法违纪行为,经查实,终止合同处理,并永久取消本项目投标资格。

发生重大安全生产事故,终止合同处理,并永久取消本项目投标资格。

参考资料

一、法律

[1]《中华人民共和国水法》；

[2]《中华人民共和国防洪法》；

[3]《中华人民共和国安全生产法》；

[4]《中华人民共和国突发事件应对法》。

二、法规和规范性文件

[1]《水利工程管理考核办法及其考核标准》；

[2]《水库大坝安全管理条例》；

[3]《山东省实施〈水库大坝安全管理条例〉办法》；

[4]《水库大坝注册登记管理办法》；

[5]《水库大坝安全鉴定办法》；

[6]《水文监测环境和设施保护办法》；

[7]《水利工程质量管理规定》；

[8]《国家突发公共事件总体应急预案》。